Σ BEST シグマベスト

JN025241

中2理科

実力アップ問題集

文英堂編集部 編

EXERCISE BOOK | SCIENCE

文英堂

実力アップが実感できる問題集です。

1 初めの「重要ポイント/ポイント一問一答」で，定期テストの要点が一目でわかる！

2 「3つのステップにわかれた練習問題」を順に解くだけの段階学習で，確実にレベルアップ！

3 苦手を克服できる別冊「解答と解説」。問題を解くためのポイントを掲載した，わかりやすい解説！

標準問題

定期テストで「80点」を目指すために解いておきたい問題です。

解くことで，高得点をねらう力がつく問題。

カンペキに仕上げる！

実力アップ問題

定期テストに出題される可能性が高い問題を，実際のテスト形式で載せています。

基礎問題

定期テストで「60点」をとるために解いておきたい，基本的な問題です。

重要 みんながほとんど正解する，落とすことのできない問題。

⚠ ミス注意 よく出題される，みんなが間違えやすい問題。

基本事項を確実におさえる！

重要ポイント/ポイント一問一答

重要ポイント 各単元の重要事項を1ページに整理しています。定期テスト直前のチェックにも最適です。

ポイント 一問一答 重要ポイントの内容を覚えられたか，チェックしましょう。

もくじ

①物質のなりたち

① 物質の分解

- **分解**…1種類の物質が，2種類以上の別の物質に分かれる変化。
  - →化学変化ともいう。
- **化学変化**…もとの物質とは別の物質ができる変化。
- **酸化銀の熱分解**…酸化銀→酸素＋銀
  - →黒色の固体　→白色の固体
  - →熱を加えて起きる分解　→気体
- **炭酸水素ナトリウムの熱分解**
  - …炭酸水素ナトリウム→二酸化炭素＋水＋炭酸ナトリウム
  - →白色の固体　→気体　→液体　→白色の固体
  - ・二酸化炭素…石灰水に通すと白くにごる。
  - ・水…塩化コバルト紙が青色から赤(桃)色に変わる。
  - ・炭酸ナトリウム…炭酸水素ナトリウムとくらべて，水に溶けやすく，水溶液にフェノールフタレイン溶液を入れたときの赤色がこい。
    - →強いアルカリ性
- **水の電気分解**…水→水素＋酸素
  - ・陰極側に水素が発生し，陽極側に酸素が発生。
  - ・体積の比は，水素：酸素＝2：1になる。

水が加熱部分に流れると試験管が割れることがあるので，口は底より下げる

炭酸水素ナトリウム

水滴

二酸化炭素

石灰水

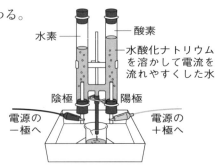

水素

酸素

水酸化ナトリウムを溶かして電流を流れやすくした水

陰極　陽極

電源の−極へ　電源の＋極へ

② 原子と分子

- **原子**…物質をつくる最小の単位で，それ以上分割することができない，小さな粒。
- **分子**…いくつかの原子が結びついてできた，物質の性質を示すいちばん小さな粒。
- **元素**…原子の種類。元素ごとにアルファベット1文字か2文字の元素記号で表され，120種類程度発見されている。
  - 1文字目は大文字，2文字目は小文字を使う。

元素名	水素	炭素	窒素	酸素	硫黄	鉄	銅	銀
元素記号	H	C	N	O	S	Fe	Cu	Ag

③ 化学式

- **化学式**…物質を元素記号を用いて表したもの。
- **単体**…1種類の原子でできている。
- **化合物**…2種類以上の原子でできている。

化学式の書き方

酸素原子

水素原子

①元素記号で表す。

1は省略

→ HOH → H_2O

②同じ種類の原子をまとめ，個数を右下に小さく書く。

単体	C	H_2	O_2	N_2	Fe	Cu	Ag
化合物	H_2O(水)		CO_2(二酸化炭素)		Ag_2O(酸化銀)		

ポイント 一問一答

① 物質の分解

- □ (1) 1種類の物質が，2種類以上の別の物質に分かれることを何というか。
- □ (2) (1)のように，もとの物質とは別の物質ができる変化を何というか。
- □ (3) 酸化銀が熱分解してできる物質の名前を2つ書け。
- □ (4) 炭酸水素ナトリウムが熱分解してできる物質の名前を3つ書け。
- □ (5) 石灰水を白くにごらせる物質は何か。
- □ (6) 塩化コバルト紙を青色から赤(桃)色に変化させる物質は何か。
- □ (7) 水の電気分解で，陰極側に発生する気体の名前を書け。
- □ (8) 水の電気分解で，陽極側に発生する気体の名前を書け。
- □ (9) 水の電気分解で，陰極側に発生する気体と，陽極側に発生する気体の体積比は，何：何か。

② 原子と分子

- □ (1) 物質をつくる最小の単位で，それ以上分割することができない小さな粒を何というか。
- □ (2) いくつかの原子が結びついてできた，物質の性質を示すいちばん小さな粒を何というか。
- □ (3) 次の元素を元素記号で書け。
    ① 炭素　　　② 硫黄　　　③ 銅　　　④ 銀

③ 化学式

- □ (1) 次の物質を化学式で書け。
    ① 炭素　　　② 水素　　　③ 二酸化炭素
- □ (2) 1種類の原子でできている物質を何というか。
- □ (3) 2種類以上の原子でできている物質を何というか。

答

① (1) 分解　(2) 化学変化(化学反応)　(3) 酸素，銀　(4) 二酸化炭素，水，炭酸ナトリウム
　(5) 二酸化炭素　(6) 水　(7) 水素　(8) 酸素　(9) 2：1
② (1) 原子　(2) 分子　(3) ① C　② S　③ Cu　④ Ag
③ (1) ① C　② H_2　③ CO_2　(2) 単体　(3) 化合物

基礎問題

▶答え　別冊p.2

1 〈酸化銀の加熱〉

次の実験について，あとの問いに答えなさい。

〔実験〕右の図のように，試験管に酸化銀を入れて
加熱すると，気体が発生し，試験管内の酸化銀は
色が変わった。

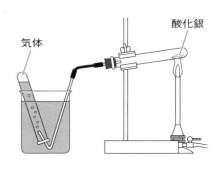

(1) 発生した気体を集めた試験管の中に，火のついた
線香（せんこう）を入れると，線香が激しく燃えた。発生した
気体を次の**ア〜エ**から選び，記号で答えよ。

[　　　]

ア 水素　　**イ** 二酸化炭素　　**ウ** 酸素　　**エ** 窒素（ちっそ）

(2) 加熱した酸化銀は何色に変わったか。次の**ア〜エ**から選び，記号で答えよ。　[　　　]

ア 赤色　　**イ** 青色　　**ウ** 黒色　　**エ** 白色

(3) (2)の物質の名前を書け。　　　　　　　　　　　　　　　　[　　　　　]

(4) この実験のように，1種類の物質が2種類以上の別の物質に分かれる変化を何という
か。　　　　　　　　　　　　　　　　　　　　　　　　　[　　　　　]

2 〈炭酸水素ナトリウムの加熱〉 重要

**右の図のようにして炭酸水素ナトリウムを加熱し
たところ，気体が発生し，石灰水が白くにごった。
次の問いに答えなさい。**

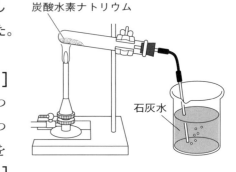

(1) 発生した気体の名前を書け。[　　　　　]

(2) 加熱をやめた後，試験管の口を見ると，液体がつ
いていた。この液体を青色の塩化コバルト紙につ
けると，赤(桃)色に変化した。この液体の名前を
書け。　　　　　　　　[　　　　　]

(3) 加熱後，試験管には白い物質が残った。この物質の名前を書け。　　[　　　　　]

(4) 試験管の口を少し下に傾けて加熱するのはなぜか。その理由を次の**ア〜エ**から選び，
記号で答えよ。　　　　　　　　　　　　　　　　　　　　　[　　　]

ア 試験管の口についた液体が，加熱中に蒸発するのを防ぐため。

イ 試験管の口についた液体が，加熱している部分に流れて試験管が割れるのを防ぐため。

ウ 発生した気体が，試験管から出ていきやすいようにするため。

エ 熱が試験管内に十分いきわたるようにするため。

3 〈水の電気分解〉

次の実験について，あとの問いに答えなさい。

〔実験〕右の図のように，水酸化ナトリウムを溶かした水に電流を流すと，陰極側に気体**A**，陽極側に気体**B**が発生した。気体**A**は，マッチの火を近づけると音をたてて燃えた。また，気体**B**に火のついた線香を入れると，線香が炎をあげて激しく燃えた。

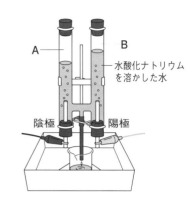

A ―
B
― 水酸化ナトリウムを溶かした水
陰極　　　陽極

(1) この実験で，水に水酸化ナトリウムを溶かしておいた理由を次の**ア**〜**ウ**から選び，記号で答えよ。

[　　　]

ア 電流を流れにくくするため。　　**イ** 電流を流れやすくするため。

ウ 発生した気体が水に溶けないようにするため。

(2) 気体**A**と**B**は何か。次の**ア**〜**オ**からそれぞれ選び，記号で答えよ。

A [　　　] B [　　　]

ア 酸素　　　**イ** 窒素　　　**ウ** 二酸化炭素　　　**エ** 塩素　　　**オ** 水素

 ミス注意 (3) 気体**A**と気体**B**の体積の比は何：何か。　　　　　　[　　　　　]

4 〈元素記号〉 🔑重要

次の問いに答えなさい。

(1) 次の①〜④の元素を表す元素記号を書け。

① 水素　　　② 窒素　　　③ 銅　　　④ 鉄

① [　　　] ② [　　　] ③ [　　　] ④ [　　　]

(2) 次の①〜④の元素記号が表す元素の名前を書け。

① O　　　② C　　　③ S　　　④ Ag

① [　　　] ② [　　　] ③ [　　　] ④ [　　　]

5 〈化学式〉 ⚠ミス注意

次の①〜④の物質の化学式を書きなさい。

① 酸素　　　② 水　　　③ 二酸化炭素　　　④ 酸化銀

① [　　　] ② [　　　] ③ [　　　] ④ [　　　]

💡ヒント

1 (1) 火のついた線香が激しく燃えたことから，ものを燃やすはたらきがある気体であるとわかる。

2 炭酸水素ナトリウム→二酸化炭素＋水＋炭酸ナトリウム　という熱分解が起きている。

3 (2) 実験から，気体**A**には，気体そのものが燃える性質があることがわかる。

4 (1) アルファベット２文字で表される元素の場合，１文字目は大文字，２文字目は小文字にする。

標 準 問 題

▶答え　別冊p.2

炭酸水素ナトリウム

1 〈炭酸水素ナトリウムの加熱〉 **重要**

次の実験について，あとの問いに答えなさい。

〔実験〕右の図のような装置で炭酸水素ナトリウムを加熱したところ，気体が発生し，石灰水が白くにごった。加熱後の試験管には a 白い固体が残っており，試験管の口には b 液体の粒がついていた。

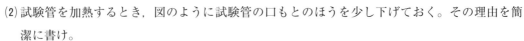

石灰水

(1) 試験管内で起こった化学変化を何というか。 [　　　　]

(2) 試験管を加熱するとき，図のように試験管の口もとのほうを少し下げておく。その理由を簡潔に書け。

[　　　　　　　　　　　　　　　　　　　　　　　　　　]

(3) 実験から，発生した気体は何であることがわかるか。化学式で書け。 [　　　　]

(4) 下線部 a の物質の名前を書け。 [　　　　]

(5) 下線部 a の物質を水に溶かし，その水溶液にフェノールフタレイン溶液を加えると，何色になるか。 [　　　　]

(6) (5)の色は，炭酸水素ナトリウムの水溶液にフェノールフタレイン溶液を加えたときの色とくらべると，こいか，うすいか。 [　　　　]

(7) 下線部 b の液体を青色の塩化コバルト紙につけると何色に変わるか。 [　　　　]

(8) 下線部 b の液体の化学式を書け。 [　　　　]

2 〈水の電気分解〉

右の図のような装置を使って，水を電気分解した。次の問いに答えなさい。

(1) 陰極側と陽極側で発生した気体の化学式を，それぞれ書け。

陰極側 [　　　　]

陽極側 [　　　　]

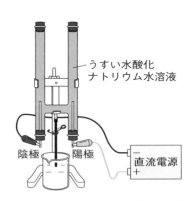

うすい水酸化ナトリウム水溶液

陰極　陽極

直流電源

(2) 発生する気体の体積が多いのは，陰極側と陽極側のどちらか。 [　　　　]

(3) この実験で，水酸化ナトリウム水溶液のかわりに純粋な水を使うとどうなるか。次のア～エから選び，記号で答えよ。 [　　　　]

ア 気体が大量に発生しすぎてしまう。　**イ** 発生した気体が，水に溶けて減ってしまう。

ウ 電流が流れすぎてしまう。　**エ** 電流が流れにくくなる。

3 〈塩化銅の電気分解〉

次の実験について，あとの問いに答えなさい。

陰極 陽極

〔実験〕塩化銅水溶液をビーカーに入れ，右の図のようにして電流を流した。すると，水溶液の青色はうすくなり，陽極側からは気体が発生し，陰極には赤かっ色の固体が付着した。

塩化銅水溶液

(1) 水溶液の青色がうすくなったのはなぜか。次のア〜エから選び，記号で答えよ。　　　　　　　　　　　[　　　]

　ア　水溶液に溶けている塩化銅の量が増えたから。

　イ　水溶液に溶けている塩化銅の量が減ったから。

　ウ　塩化銅が分解してできる気体が，水溶液の青色を脱色するから。

　エ　塩化銅が分解してできる固体が，水溶液の青色を脱色するから。

(2) 陽極側から発生した気体は何か。物質名を書け。　　　　　　[　　　　　]

(3) 陰極に付着した赤かっ色の固体の化学式を書け。　　　　　　[　　　　　]

4 〈原子と分子〉 差がつく

次の①〜⑥の文について，正しいものには〇，まちがっているものには×をつけなさい。

① 原子は，化学変化によって，それ以上分割することができない。　[　　　]

② 原子は，その種類によって質量や大きさが決まっている。　[　　　]

③ 原子は，化学変化によって新しくできたり，種類が変わったりすることがある。　[　　　]

④ 水の分子は，1つだけでは水の性質はまったく示さない。　[　　　]

⑤ マグネシウムなどの金属はふつう分子をつくらない。　[　　　]

⑥ 1種類の原子でできている分子はない。　[　　　]

5 〈化学式〉

次の①〜⑥の物質について，あとの問いに答えなさい。

　① 窒素　　② 二酸化炭素　　③ 鉄　　④ 銀　　⑤ 酸化銅　　⑥ 塩化ナトリウム

⚠ミス注意 (1) ①〜⑥の物質の化学式を書け。

① [　　　　] ② [　　　　] ③ [　　　　]

④ [　　　　] ⑤ [　　　　] ⑥ [　　　　]

(2) ①〜⑥の物質はそれぞれ，単体か，化合物か。

① [　　　　] ② [　　　　] ③ [　　　　]

④ [　　　　] ⑤ [　　　　] ⑥ [　　　　]

差がつく (3) ①〜⑥から，分子をつくらない物質をすべて選び，記号で答えよ。

[　　　　　　　　　]

❷化学変化と化学反応式

重要ポイント

① 物質が結びつく化学変化と化合物

□ 鉄と硫黄が結びつく化学変化…鉄＋硫黄→硫化鉄

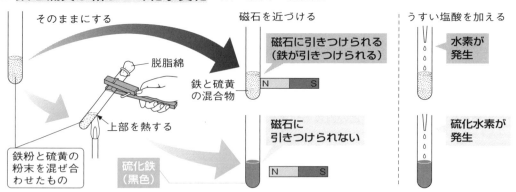

そのままにする

磁石を近づける

うすい塩酸を加える

脱脂綿

鉄と硫黄の混合物

上部を熱する

鉄粉と硫黄の粉末を混ぜ合わせたもの

硫化鉄（黒色）

磁石に引きつけられる（鉄が引きつけられる）

磁石に引きつけられない

水素が発生

硫化水素が発生

□ 物質が結びつく化学変化の例…銅と硫黄が結びつく化学変化（銅＋硫黄→硫化銅），水素と酸素が結びつく化学変化（**水素＋酸素→水**），炭素と酸素が結びつく化学変化（**炭素＋酸素→二酸化炭素**），銅と酸素が結びつく化学変化（**銅＋酸素→酸化銅**）。

② 化学反応式

□ 化学反応式…化学式を使って，物質の化学変化のようすを表した式。

- 反応前の物質は矢印の左側，反応後に生じた物質は矢印の右側に書く。
- 矢印をはさんで両側にある原子の種類と数は等しい。

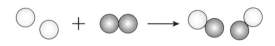

この 2 を係数といい，係数の後の物質全体の数を表す 1 の場合は省略する

$$2Cu + O_2 \longrightarrow 2CuO$$

銅の原子 2 個 と 酸素の分子 1 個 から 酸化銅 2 個 ができる。

□ いろいろな化学反応式

- 鉄と硫黄が結びつく化学変化……$Fe + S \longrightarrow FeS$
- 炭素と酸素が結びつく化学変化…$C + O_2 \longrightarrow CO_2$
- 銅と酸素が結びつく化学変化……$2Cu + O_2 \longrightarrow 2CuO$
- 水の電気分解………………………$2H_2O \longrightarrow 2H_2 + O_2$
- 炭酸水素ナトリウムの熱分解……$2NaHCO_3 \longrightarrow Na_2CO_3 + H_2O + CO_2$
- 酸化銀の熱分解…………………………$2Ag_2O \longrightarrow 4Ag + O_2$
- メタンの燃焼…………………………$CH_4 + 2O_2 \longrightarrow CO_2 + 2H_2O$

テストでは
ココが
ねらわれる

●化学反応式をつくる手順：①反応前の物質を──→の左側に化学式で表す。
②反応後の物質を──→の右側に化学式で表す。
③──→の左右で各原子の数が等しくなるように，係数をつける。

ポイント **一問一答**

① 物質が結びつく化学変化と化合物

☐ (1) 物質が結びついた結果できるのは，単体と化合物のどちらか。

☐ (2) 鉄と硫黄が結びついてできる物質の名前を書け。

☐ (3) 硫化鉄は磁石に引きつけられるか。

☐ (4) 硫化鉄にうすい塩酸を加えると発生する気体の名前を書け。

☐ (5) 鉄にうすい塩酸を加えると発生する気体の名前を書け。

☐ (6) 銅と硫黄が結びついてできる物質の名前を書け。

☐ (7) (6)の物質の性質は，銅と同じか，ちがうか。

☐ (8) 炭素原子1つと酸素原子2つが結びついている物質の名前を書け。

☐ (9) 水素原子2つと酸素原子1つが結びついている物質の名前を書け。

☐ (10) 銅原子1つと酸素原子1つが結びついている物質の名前を書け。

② 化学反応式

☐ (1) 化学式を用いて，物質の化学変化のようすを表した式を何というか。

☐ (2) (1)の式の矢印の右側が表しているのは反応前か，反応後か。

☐ (3) (1)の式では，矢印をはさんだ左側と右側では，何の種類や数が同じでなければならないか。

☐ (4) 次の①〜③の化学反応式の[　　]にあう化学式を書け。

①　$Cu + S \longrightarrow$ [　　　　]

②　$C + O_2 \longrightarrow$ [　　　　]

③　$Fe + S \longrightarrow$ [　　　　]

☐ (5) 次の①〜③の化学反応式の[　　]にあう係数を書け。

①　$2Cu + O_2 \longrightarrow$ [　　　]CuO

②　[　　　]$H_2O \longrightarrow 2H_2 + O_2$

③　$2Ag_2O \longrightarrow$ [　　　]$Ag + O_2$

答　① (1) 化合物　(2) 硫化鉄　(3) 引きつけられない。　(4) 硫化水素　(5) 水素　(6) 硫化銅
(7) ちがう。　(8) 二酸化炭素　(9) 水　(10) 酸化銅
② (1) 化学反応式　(2) 反応後　(3) 原子　(4) ① CuS　② CO_2　③ FeS　(5) ① 2　② 2　③ 4

基 礎 問 題

▶答え　別冊p.2

1 〈鉄と硫黄の反応〉 ●重要

次の実験について，あとの問いに答えなさい。

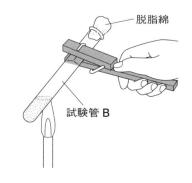

脱脂綿

試験管 B

〔実験〕① 鉄粉14gと硫黄8gを乳鉢の中でよく混ぜ合わせ，2本の試験管A，Bに半分ずつ入れた。

② 試験管Aはそのままにしておき，試験管Bを右の図のように加熱した。

③ 試験管A，Bの外から磁石を近づけたところ，一方の試験管では中の物質が引きつけられた。しかし，もう一方の試験管は，ほとんど引きつけられなかった。

④ 試験管A，Bにうすい塩酸を加えたところ，両方とも気体が発生した。試験管Bから発生した気体には，卵がくさったようなにおいがあった。

(1) ②で加熱した試験管Bの物質は，何色に変わったか。次のア～エから選び，記号で答えよ。　[　　　　]

　ア　黄色　　イ　白色　　ウ　黒色　　エ　茶色

(2) ③で，磁石に引きつけられた物質があった試験管は，A，Bのどちらか。記号で答えよ。

　[　　　　]

(3) ④で，試験管A，Bから発生した気体は何か。次のア～オからそれぞれ選び，記号で答えよ。　A[　　　]　B[　　　]

　ア　二酸化炭素　　イ　水素　　ウ　酸素　　エ　硫化水素　　オ　アンモニア

(4) 試験管Bにできた物質の名前を書け。　[　　　　]

2 〈木炭を燃やしたときの反応〉

次の実験について，あとの問いに答えなさい。

木炭

よく振る

石灰水

〔実験〕右の図のように，赤くなった木炭を，石灰水を入れた集気びんの中に入れてしばらくおいた。その後，木炭をとり出してから集気びんをよく振ると，石灰水は白くにごった。

(1) 石灰水が白くにごったのは木炭が燃えたことで集気びんの中に何という物質ができたからか。物質の名前を書け。[　　　　]

(2) 木炭のおもな成分は何か。物質の名前を書け。　[　　　　]

(3) この実験で(2)の物質と結びついた物質の名前を書け。　[　　　　]

3 〈化学反応式①〉 🔑重要

右の図は，ある化学変化を原子のモデルを使って表そうとしたもので，● は銅原子，○ は酸素原子を表している。次の問いに答えなさい。

●　＋　○○　⟶　●○

(1) 図中のそれぞれの物質を化学式で表せ。

● [　　　　] ○○ [　　　　] ●○ [　　　　]

(2) ⟶ の左右で○の数を等しくするには，●○を何個ふやせばよいか。　[　　　　]

(3) (2)のとき，⟶ の左右で●の数を等しくするには，●をどうすればよいか。

[　　　　]

(4) この化学変化を表す化学反応式を書け。　[　　　　]

4 〈化学反応式②〉

次の(1)〜(6)の化学変化を表す化学反応式を完成させなさい。ただし，必要であれば係数もつけること。

(1) 銅と硫黄の混合物を加熱すると，硫化銅になる。　[　　　　]

$Cu + S \longrightarrow$ [　　　　]

(2) 鉄と硫黄の混合物を加熱すると，硫化鉄になる。　[　　　　]

$Fe + S \longrightarrow$ [　　　　]

(3) 塩化銅水溶液に電流を流すと，銅と塩素ができる。　[　　　　]

$CuCl_2 \longrightarrow Cu +$ [　　　　]

(4) 炭酸水素ナトリウムを加熱すると，炭酸ナトリウムと水と二酸化炭素ができる。

$2NaHCO_3 \longrightarrow Na_2CO_3 +$ [　　　　] $+ CO_2$　[　　　　]

⚠ミス注意 (5) 酸化銀を加熱すると，銀と酸素ができる。　[　　　　]

$2Ag_2O \longrightarrow$ [　　　　] $+ O_2$

⚠ミス注意 (6) 水に電流を流すと，水素と酸素ができる。　[　　　　]

$2H_2O \longrightarrow$ [　　　　] $+ O_2$

ヒント

1 試験管Bでは，鉄と硫黄が結びついて，別の物質ができる化学変化が起きている。できた物質には，鉄とも硫黄ともちがう性質がある。

3 銅の元素記号はCu，酸素の元素記号はOである。

4 化学反応式では，矢印をはさんで左側(反応前)と右側(反応後)にあるそれぞれの原子の種類と数が等しくなるようにする。

1 〈鉄と硫黄が結びつく化学変化〉 ●重要

次の実験について，あとの問いに答えなさい。

〔実験〕① 右の図のように，鉄粉と硫黄をよく混ぜ合わせて
から試験管に入れ，その混合物の上部を加熱した。半分ぐ
らいまで色が赤く変わったところで，試験管を炎からはな
して加熱をやめたところ，試験管内の反応は続き，反応は
全体に広がった。

② ①の反応後にできた物質に塩酸を加えたところ，気体が
発生した。

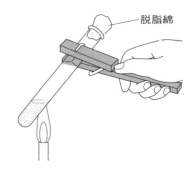
脱脂綿

(1) ①で，加熱をやめても反応が続いたのはなぜか。その理由を簡単に書け。
[　　　　　　　　　　　　　　　　　　　　　　　　　　　　　　　　]

(2) ②で発生した気体の名前を書け。　　　　　　　　　　　　[　　　　　]

(3) 鉄と硫黄が結びついてできた物質は何か。物質の名前と化学式を書け。
名前 [　　　　　] 化学式 [　　　　　]

(4) 鉄と硫黄が結びつく化学変化を，化学反応式で書け。　　[　　　　　]

2 〈銅と硫黄が結びつく化学変化〉

次の実験について，あとの問いに答えなさい。

〔実験〕右の図のように，熱してとかした硫黄の中に，よくみ
がいた太い銅線をしばらくひたした。しばらく時間がたっ
てから銅線をとり出すと，硫黄にひたした部分は黒く変色
していた。また，この変色した部分は，金づちでたたくと
簡単にくだけた。

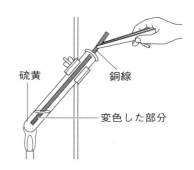
硫黄　　　銅線
変色した部分

(1) 黒く変色した部分の物質について正しく説明しているもの
を，次のア～エから選び，記号で答えよ。　　[　　　]

ア　銅線を硫黄がおおったもので，硫黄の性質を示す。

イ　銅と硫黄が混ざったもので，銅と硫黄の両方の性質を示す。

ウ　銅でも硫黄でもない物質で，銅と硫黄の中間の性質だが銅の性質をやや強く示す。

エ　銅でも硫黄でもない物質で，銅の性質も硫黄の性質も示さない。

(2) この実験で黒く変色した部分にできた物質は何か。物質名を書け。　[　　　　　]

(3) 黒く変色した部分で起こった変化を，化学反応式で書け。　[　　　　　]

3 〈銅と酸素が結びつく化学変化〉

右の図のように，銅板を加熱すると，加熱した部分が黒くなった。次の問いに答えなさい。

(1) 黒くなった部分にできた物質の名前を書け。

[　　　　　]

⚠ミス注意 (2) この実験ではどのような化学変化が起きたか。化学反応式(かがくはんのうしき)を書け。 [　　　　　]

銅板

4 〈水素を燃やす実験〉

次の実験について，あとの問いに答えなさい。

〔実験〕右の図のように，かわいた試験管に集めた水素にマッチの火を近づけると，ポンと音がして，試験管の内側に液体がついていた。

マッチ

水素

(1) 下線部の物質の名前を書け。 [　　　　]

(2) 下線部の物質が何かを調べるためには，何を使えばよいか。次の**ア**〜**オ**から1つ選び，記号で答えよ。 [　　　　]

ア 石灰水(せっかいすい) 　　**イ** 塩化コバルト紙 　　**ウ** フェノールフタレイン溶液

エ ヨウ素溶液 　　**オ** リトマス紙

(3) この実験で，水素と結びついた物質は何か。物質名を書け。 [　　　　]

⚠ミス注意 (4) この実験で起こった化学変化を，化学反応式で書け。

[　　　　　　]

5 〈化学反応式①〉

下の図は，水の電気分解(でんきぶんかい)を，原子(げんし)のモデルを使って表そうとしたものである。この化学変化を，必要であれば分子(ぶんし)の数を変えて，化学反応式で書きなさい。ただし，図の○は水素原子，●は酸素原子を表しているものとする。 [　　　　　　]

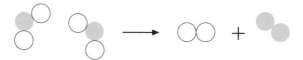

6 〈化学反応式②〉 🖋がつく

次の(1)〜(4)の化学変化を，化学反応式で書きなさい。

(1) 炭素と酸素が結びつく化学変化 [　　　　　　]

(2) マグネシウムと酸素が結びつく化学変化 [　　　　　　]

(3) 塩化銅水溶液の電気分解 [　　　　　　]

(4) 酸化銀の熱分解(ねつぶんかい) [　　　　　　]

③ 酸化と還元

① 酸化と燃焼

☐ **酸化**…物質が酸素と結びつく化学変化。

☐ **燃焼**…熱や光を出しながら**激しく進む**
　　└→金属がさびるのは，おだやかな酸化。
　　酸化。

☐ **酸化物**…酸化によってできた化合物。
　　└→金属のさびも酸化物の1つ

☐ **有機物**…エタノールやメタンなどの，

　　炭素をふくむ化合物。
　　└→ただし，二酸化炭素や一酸化炭素は有機物ではない。

☐ **有機物の燃焼**…有機物を燃焼させる
　　　　　　　　　　　└→炭素が酸化されてできる。
　　と，**二酸化炭素と水**ができる。
　　　　　　　　　　└→水素が酸化されてできる。

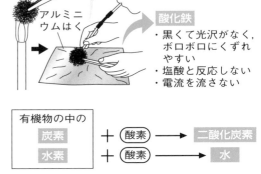

スチール
ウール

空気をふきこんでよく燃焼させる

アルミニ
ウムはく

酸化鉄
・黒くて光沢がなく，
　ボロボロにくずれ
　やすい
・塩酸と反応しない
・電流を流さない

有機物の中の
炭素　＋（酸素）──→　二酸化炭素
水素　＋（酸素）──→　水

② 酸化と還元

☐ **還元**…酸化物から酸素がうばわれる化学変化。

☐ **酸化と還元**…酸化と還元は，同

　　時に起こる。

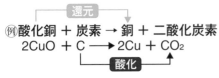

　　　　　　　　還元
例 **酸化銅 ＋ 炭素 → 銅 ＋ 二酸化炭素**
　$2CuO + C \longrightarrow 2Cu + CO_2$
　　　　　　　　酸化

　　　　　　還元
例 **酸化銅 ＋ 水素 → 銅 ＋ 水**
　$CuO + H_2 \longrightarrow Cu + H_2O$
　　　　　　酸化

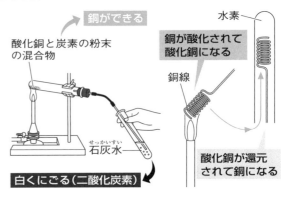

銅ができる

酸化銅と炭素の粉末
の混合物

石灰水
せっかいすい

白くにごる（二酸化炭素）

水素

銅が酸化されて
酸化銅になる

銅線

酸化銅が還元
されて銅になる

③ 化学変化と熱

☐ **化学変化と熱**…化学変化をする

　　ときには，熱の出入りが起こる。

　① 発熱反応…**温度が上がる。**
　　　　└→携帯用かいろ（化学かいろ）に利用されている。
　　例 鉄の酸化や有機物の燃焼

　② 吸熱反応…**温度が下がる。**

　　　　例 **塩化アンモニウムと水酸化バ**
　　　　　└→アンモニア，塩化バリウム，水ができる。
　　リウムの反応

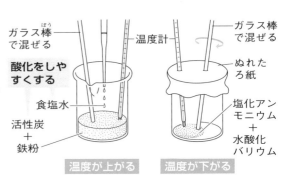

ガラス棒
で混ぜる

温度計

ガラス棒
で混ぜる

酸化をしや
すくする

ぬれた
ろ紙

食塩水

塩化アン
モニウム
＋
水酸化
バリウム

活性炭
＋
鉄粉

温度が上がる　　温度が下がる

テストでは**ココ**がねらわれる

●酸化と還元は，同時に起こる。酸化される物質，還元される物質がそれぞれ何か考える。
●有機物の燃焼では，有機物中の炭素(C)と水素(H)が酸化して，二酸化炭素と水ができる。
●吸熱反応の例は少ないので，おぼえておくとよい。

ポイント 一問一答

① 酸化と燃焼

☐ (1) 物質が酸素と結びつく化学変化を何というか。

☐ (2) (1)のうち，熱や光を出す激しい反応を何というか。

☐ (3) (1)によってできた化合物を何というか。

☐ (4) 鉄が燃焼してできる物質の名前を書け。

☐ (5) エタノールやメタンなどの，炭素をふくむ化合物を何というか。

☐ (6) 有機物が燃焼したときにできる物質は何と何か。

☐ (7) (6)の物質は，有機物中にふくまれる何と何が酸化されることによってできるか。

② 酸化と還元

☐ (1) 酸化物から酸素がうばわれる化学変化を何というか。

☐ (2) 炭素を使って酸化銅を還元すると，できる金属は何か。

☐ (3) (2)の化学変化のときに，酸化される物質は何か。

☐ (4) (3)の物質が酸化されてできるのは何か。

☐ (5) 水素を使って酸化銅を還元すると，できる金属は何か。

☐ (6) (5)の化学変化のときに，酸化される物質は何か。

☐ (7) (6)の物質が酸化されてできるのは何か。

③ 化学変化と熱

☐ (1) 熱を発生する化学反応を何というか。

☐ (2) 熱を吸収する化学反応を何というか。

☐ (3) 鉄の酸化は，発熱反応か，吸熱反応か。

☐ (4) 塩化アンモニウムと水酸化バリウムの反応は，発熱反応か，吸熱反応か。

答

① (1) 酸化　(2) 燃焼　(3) 酸化物　(4) 酸化鉄　(5) 有機物　(6) 二酸化炭素と水　(7) 炭素と水素
② (1) 還元　(2) 銅　(3) 炭素　(4) 二酸化炭素　(5) 銅　(6) 水素　(7) 水
③ (1) 発熱反応　(2) 吸熱反応　(3) 発熱反応　(4) 吸熱反応

1 〈スチールウールを燃やす実験〉 ●→重要
　右の図のようにしてスチールウールを燃やすと，黒い物質ができた。次の問いに答えなさい。

スチールウール

息を
ふきこむ

アルミニウムはく

(1) この実験でできた黒い物質の名前を書け。　　　[　　　　　]

(2) (1)の物質の性質は，鉄と同じか，ちがうか。　　[　　　　　]

(3) この実験のように，ある物質と酸素が結びつく化学変化を何というか。　　　　　　　　　　　　　[　　　　　]

(4) (3)の化学変化でできる，酸素と結びついた物質を何というか。次のア～エから選び，記号で答えよ。　[　　　　　]
　ア　単体　　　イ　混合物　　　ウ　金属　　　エ　酸化物

(5) 鉄がさびるときの変化は，(4)の物質ができる化学変化であるといえるか。　　　　　　　　　　[　　　　　]

2 〈有機物の燃焼〉 ●→重要
　アルコールランプのエタノールを燃焼させて，次の実験をした。あとの問いに答えなさい。

図1

ろうとの内側に石灰水をつけておく。

〔実験〕１　図1のように，ろうとの内側に石灰水をつけてから，アルコールランプの炎にろうとの内側をかざすと，石灰水が白くにごった。

２　図2のように，かわいたビーカーをアルコールランプの炎にかざすと，ビーカーの内側に液体がついた。

図2

(1) １から，エタノールが燃焼したときに何ができていることがわかるか。物質名を書け。　　[　　　　　]

(2) (1)の物質ができたのは，エタノールに何がふくまれているからか。　　　　　　　　[　　　　　]

(3) ２の液体を塩化コバルト紙につけると，塩化コバルト紙は何色になるか。　　　　　　[　　　　　]

(4) ２の液体は何か。物質名を書け。　　　[　　　　　]

(5) (4)の物質ができたのは，エタノールに何がふくまれているからか。　　　　　　　　[　　　　　]

3 〈酸化銅の還元〉

右の図のように，**酸化銅と炭素の粉末を混ぜたもの**
を十分に加熱した。次の問いに答えなさい。

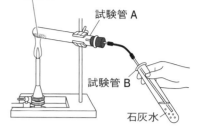

酸化銅と炭素の粉末
の混合物

試験管A

試験管B

石灰水

(1) 実験後，試験管**A**にできた物質の名前を書け。

[　　　　　　]

(2) この実験で発生した気体によって，試験管**B**の石
灰水はどうなったか。　　　　[　　　　　　]

(3) (2)のことから，発生した気体は何であることがわ
かるか。物質名を書け。　　　　[　　　　　　]

(4) この実験で酸化された物質の名前を書け。　　　　　　[　　　　　　]

(5) この実験で還元された物質の名前を書け。　　　　　　[　　　　　　]

 (6) この実験で起こった化学変化を示す化学反応式を，次の**ア～エ**から選び，記号で答え
よ。　　　　　　　　　　　　　　　　　　　　　　　　　　[　　　　　　]

ア　$CuO + C \longrightarrow Cu + CO_2$　　　**イ**　$CuO_2 + C \longrightarrow Cu + CO_2$

ウ　$2CuO + C \longrightarrow Cu + CO_2$　　**エ**　$2CuO + C \longrightarrow 2Cu + CO_2$

4 〈化学変化と熱〉

次の実験について，あとの問いに答えなさい。

〔**実験**〕ビーカーに鉄粉と活性炭を入れ，少量の食塩水を加
えてから，ガラス棒でよく混ぜた。1分ごとに，温度計で
温度をはかり，温度の変化を調べた。

ガラス棒　温度計

鉄粉
＋
活性炭　食塩水

(1) 活性炭と食塩水を加えたのはなぜか。理由を簡単に書け。

[　　　　　　　　　　　　　　　　　　　　　　　　　　　　]

(2) この実験での温度の変化はどうなったか。　　　　　　[　　　　　　]

(3) この実験の化学変化では，熱が発生したか，吸収されたか。　　[　　　　　　]

(4) 熱が(3)のようになる化学変化を，何というか。　　　　[　　　　　　]

(5) この実験と同じ化学変化を利用している道具を次の**ア～エ**から1つ選び，記号で答え
よ。　　　　　　　　　　　　　　　　　　　　　　　　　　[　　　　　　]

ア　冷却パック　　**イ**　乾燥剤　　**ウ**　携帯用かいろ　　**エ**　ストーブ

ヒント

1 スチールウールをガスバーナーで加熱すると，燃焼する。

2 エタノールは有機物の1つで，分子の中に炭素原子と水素原子がふくまれている。

3 (4)(5) 酸化では酸素が結合し，還元では酸素がとれる。

4 この実験で起こっている化学変化は，鉄＋酸素→酸化鉄　という酸化の反応である。

1 〈マグネシウムの化学変化〉 ●重要

右の図のようにマグネシウムリボンをガスバーナーの炎に近づけた。その結果，マグネシウムリボンは強い光を出して燃え，<u>白色の物質</u>ができた。次の問いに答えなさい。

マグネシウムリボン

(1) 下線部の物質をうすい塩酸に入れると，どうなるか。

[　　　　　　　　　　　　　　　　　　　　]

(2) マグネシウムリボンをうすい塩酸に入れると，(1)と同じようになるか。　　　　　　　　　　　　　　[　　　　　]

(3) この実験で，マグネシウムリボンと結びついた物質は何か。物質名と化学式を書け。

物質名 [　　　　　] 化学式 [　　　　　]

(4) 物質が，熱や光を出しながら，激しく(3)の物質と結びつく化学変化を何というか。次のア～エから選び，記号で答えよ。　　　　　　　　　　　　　　[　　　　　]

ア　燃焼　　　イ　熱分解　　　ウ　電気分解　　　エ　還元

(5) この実験でできた物質は何か。物質名と化学式を書け。

物質名 [　　　　　] 化学式 [　　　　　]

⚠ミス注意 (6) この実験ではどのような化学変化が起きたか。化学反応式を書け。

[　　　　　　　　　　　　　　　　　　]

2 〈ろうの燃焼〉

右の図のように，集気びんの中でろうそくを燃やすと，集気びんの内側がくもった。次の問いに答えなさい。

(1) 集気びんの内側がくもったのは，何という物質ができたからか。物質名と化学式を書け。

物質名 [　　　　　] 化学式 [　　　　　]

(2) (1)の物質ができたのは，ろうそくに何がふくまれているからか。

[　　　　　]

(3) この実験で，(1)の物質のほかにできる物質は何か。物質名と化学式を書け。

物質名 [　　　　　] 化学式 [　　　　　]

(4) (3)の物質ができたのは，ろうそくに何がふくまれているからか。　　　　　[　　　　　]

(5) 燃焼すると(1)，(3)の物質ができる化合物を何というか。　　　　　[　　　　　]

🏆差がつく (6) (5)の物質のなかまを次のア～オからすべて選び，記号で答えよ。　　　　　[　　　　　]

ア　炭素　　　イ　メタン　　　ウ　二酸化炭素　　　エ　プロパン　　　オ　エタノール

3 〈酸化銅の還元①〉 重要

右の図のように，酸化銅と炭素の粉末の混合物を加熱すると，粉末が赤かっ色に変わり，石灰水は白くにごった。次の問いに答えなさい。

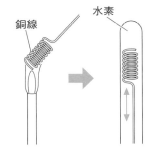

酸化銅と炭素
の粉末

石灰水

(1) 赤かっ色の物質は何か。物質名を書け。　　[　　　　　　]

(2) 下線部のことから，この実験で何ができたことがわかるか。化学式を書け。　　　　　　　[　　　　　　]

(3) この実験で起きた化学変化を，化学反応式で書け。　[　　　　　　　　　　　　]

(4) この実験の化学変化で，酸化された物質と，還元された物質は何か。それぞれの名前を書け。

　　　　酸化された物質 [　　　　　] 　還元された物質 [　　　　　　]

4 〈酸化銅の還元②〉

次の実験について，あとの問いに答えなさい。

〔実験〕① 右の図のように，加熱して黒色になった銅線を水素が入った試験管に入れると，銅線は加熱前の色にもどった。

② ①の直後に，銅線を試験管から出すと，銅線が黒くなった。

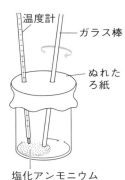

銅線　　水素

(1) ①の黒色の物質の化学式を書け。　　　　[　　　　　　]

(2) ①の下線部の化学変化を，化学反応式で書け。

　　　　　　　[　　　　　　　　　　　]

(3) (2)の化学変化で，酸化された物質と，還元された物質は何か。それぞれの名前を書け。

　　　　酸化された物質 [　　　　　] 　還元された物質 [　　　　　　]

(4) ②で銅線が黒くなった化学変化を，化学反応式で書け。　[　　　　　　]

5 〈化学変化と熱〉

次の実験について，あとの問いに答えなさい。

〔実験〕右の図のように，塩化アンモニウムと水酸化バリウムをビーカーに入れ，ぬれたろ紙をビーカーにかぶせた。ガラス棒で混ぜながら，温度の変化を調べた。

温度計
ガラス棒
ぬれた
ろ紙
塩化アンモニウム
＋
水酸化バリウム

(1) 下線部のような操作をしているのは，アンモニアをどうするためか。簡単に書け。　[　　　　　　　　　　　]

(2) 図の反応は，発熱反応か，吸熱反応か。　　[　　　　　　]

(3) 熱の出入りが，この実験の化学変化と同じものを，次のア〜エから選び，記号で答えよ。　　　　　　[　　　　　]

　ア　スチールウールが燃えるとき。

　イ　炭酸水素ナトリウムとクエン酸が反応して，二酸化炭素が発生するとき。

　ウ　酸化カルシウムに水を加えて，水酸化カルシウムができるとき。

　エ　うすい塩酸にマグネシウムリボンを入れて，気体が発生するとき。

1章

化学変化と
原子・分子

❹化学変化と物質の質量

重要ポイント

① 化学変化の前後の物質の質量

□ **質量保存の法則**…化学変化の前後では,
└ 物質の変化すべてに成り立つ。
化学変化に関係した物質全体の質量は
変わらない。これは,化学変化の前後
原子の組み合わせが変化するだけ。
で,原子の種類と数が変化しないため
である。

□ **沈殿ができる反応**…反応前の全体の質
└ 硫酸と水酸化バリウムが反応すると,硫酸バリウムが沈殿する。
量と反応後の全体の質量は等しい。

□ **気体が発生する反応**…密閉しない場
合,**逃げた気体の分だけ軽くなる。**密
閉した場合,全体の質量は変わらない。

□ **気体と結びつく化学変化**…酸化する
と,**結びついた酸素の分だけ重くなる。**
└ 密閉して実験すれば質量は変わらない。

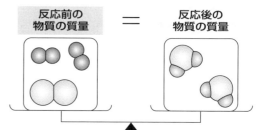

反応前の物質の質量 ＝ 反応後の物質の質量

うすい水酸化バリウム水溶液　硫酸バリウム（白い沈殿）
うすい硫酸

反応前の質量 ＝ 反応後の質量

→ 発生した二酸化炭素が逃げない
ふた
炭酸水素ナトリウム
うすい塩酸

反応前の質量 ＝ 反応後の質量

→ 結びついた酸素の分だけ重くなる
スチールウール　酸化鉄

燃焼前の質量 ＜ 燃焼後の質量

② 化学変化と質量の割合

□ **化学変化と質量の割合**
…物質が結びついたり分
解したりするとき,それ
に関係する物質の質量の
比は常に一定である。
└ 比例している。
・銅の酸化では,

銅：酸素：酸化銅
＝4：1：5

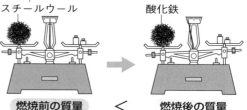

銅（0.8g）の加熱回数と質量変化

加熱によって酸素と結びついた質量が増加

加熱後の質量〔g〕

すべての銅が酸化しきっているので,質量は変わらない

加熱回数〔回〕

銅と酸化銅の質量

0.2gの酸素が結びついた

酸化銅の質量〔g〕

銅の質量〔g〕

・マグネシウムの燃焼では,**マグネシウム：酸素：酸化マグネシウム＝3：2：5**

●質量保存の法則は常に成り立っている。したがって，反応の前後で質量が変化しているときは，必ず物質の出入りが起こっている。気体が発生したり，気体と結びついたりする反応は要注意。

ポイント 一問一答

① 化学変化の前後の物質の質量

- ☐ (1) 化学変化の前後では，化学変化に関係した物質全体の質量は変わらない。この法則を何というか。
- ☐ (2) 原子の種類，数，組み合わせのうち，化学変化の前後で変化するものはどれか。
- ☐ (3) うすい硫酸とうすい水酸化バリウム水溶液を混ぜるとどうなるか。
- ☐ (4) (3)の反応の前後で，全体の質量は変化するか。
- ☐ (5) 密閉していない容器内で炭酸水素ナトリウムにうすい塩酸を加えると，質量はどうなるか。
- ☐ (6) (5)の反応が密閉した容器内で起きると，全体の質量はどうなるか。
- ☐ (7) (5)で発生する気体の名前を書け。
- ☐ (8) 密閉していない容器内でスチールウールを燃焼させると，質量はどうなるか。
- ☐ (9) (8)の反応が密閉した容器内で起きると，容器全体の質量はどうなるか。
- ☐ (10) スチールウールを完全に燃焼させるとできる物質の名称を書け。

② 化学変化と質量の割合

- ☐ (1) 右のグラフより，1.6gの銅が完全に酸化すると，何gの酸化銅ができるか。
- ☐ (2) (1)のとき，銅と結びついた酸素の質量は何gか。
- ☐ (3) 銅と酸素が結びついたときの質量の比は，何：何か。
- ☐ (4) 2.1gのマグネシウムが完全に酸化すると3.5gの酸化マグネシウムができた。マグネシウムと酸素が結びついたときの質量の比は何：何か。

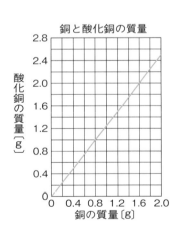

銅と酸化銅の質量

酸化銅の質量〔g〕

銅の質量〔g〕

 答

① (1) 質量保存の法則　(2) 組み合わせ　(3) (白い)沈殿ができる。　(4) 変化しない。　(5) 小さくなる。
(6) 変化しない。　(7) 二酸化炭素　(8) 大きくなる。　(9) 変化しない。　(10) 酸化鉄
② (1) 2.0g　(2) 0.4g　(3) 4：1　(4) 3：2

基 礎 問 題

▶答え　別冊p.4

1 〈沈殿ができる反応の質量変化〉

右の図のように，うすい硫酸とうすい水酸化バリウム水
溶液を混ぜる前後の質量をくらべたところ，<u>質量は変化
しなかった</u>。次の問いに答えなさい。

うすい
硫酸
うすい
水酸化バリウム
水溶液

2つの水溶液
を混ぜる。

(1) 2つの水溶液を混ぜたときにできた沈殿は，何色か。

[　　　　　]

(2) (1)の沈殿は，何という物質か。次のア～エから選び，
記号で答えよ。　　　　　　　　　　[　　　　　]

ア　バリウム　　　　　**イ**　炭酸水素ナトリウム

ウ　硫酸バリウム　　　**エ**　塩化アンモニウム

(3) 下線部のように，化学変化の前後で物質全体の質量が
変わらないことを，何の法則というか。

[　　　　　]

2 〈気体が発生する反応の質量変化〉 🔑重要

次の実験について，あとの問いに答えなさい。

〔実験〕①　右の図のように，密閉容器に炭酸水素ナトリウ
ムとうすい塩酸を入れ，容器全体の質量を測定した。

②　ふたをしたまま容器を傾けて，容器の中の炭酸水素ナ
トリウムと塩酸を反応させた。

③　炭酸水素ナトリウムと塩酸の反応が終わってから，再
び全体の質量を測定した。

ふた
うすい
塩酸
炭酸水素
ナトリウム

(1) 炭酸水素ナトリウムと塩酸の反応によって発生する気
体は何か。

[　　　　　]

(2) ③で測定した質量は，①で測定した質量とくらべると，どうなっているか。次の**ア**～
ウから選び，記号で答えよ。　　　　　　　　　　　　　　　　　[　　　　　]

ア　大きくなる。

イ　変わらない。

ウ　小さくなる。

⚠ミス注意 (3) 容器のふたをしないでこの実験を行った場合，③で測定した質量は，①で測定した質
量とくらべると，どうなるか。(2)の**ア**～**ウ**から選び，記号で答えよ。[　　　　]

3 〈化学変化と質量の割合①〉

次の実験について，あとの問いに答えなさい。

〔実験〕① 0.4 gの銅の粉末を**図1**のように加熱し，よく冷やしてから質量を測定した。

② 粉末をよくかき混ぜた後，再び**図1**のように加熱し，よく冷やしてから質量を測定した。

③ ②の操作をくり返し行い，**図2**に結果をまとめた。

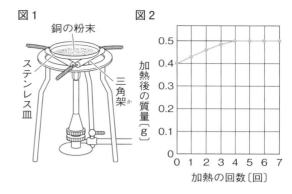

図1　銅の粉末　ステンレス皿　三角架

図2（縦軸：加熱後の質量〔g〕　横軸：加熱の回数〔回〕）

(1) すべての銅が酸化しきったのは，何回目に加熱したときか。　[　　　　]

(2) 加熱によって質量がふえたとき，ふえた質量は何を示しているか。次の**ア～エ**から選び，記号で答えよ。　[　　　　]

　　ア 化学変化でできた酸化銅の質量　　**イ** 酸化銅に変化した銅の質量

　　ウ 銅と結びついた酸素の質量　　　　**エ** 酸化されていない銅の質量

(3) (2)の質量は，この実験では何gか。　[　　　　]

4 〈化学変化と質量の割合②〉 🔑重要

右の図は，銅粉を質量が変わらなくなるまで加熱したときの，銅の質量とできた酸化銅の質量の関係を示したものである。次の問いに答えなさい。

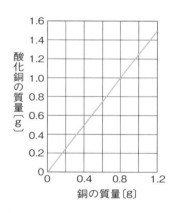

（縦軸：酸化銅の質量〔g〕　横軸：銅の質量〔g〕）

(1) 0.8 gの銅を完全に酸化させると何gの酸化銅ができるか。　[　　　　]

(2) (1)のとき，銅と結びついた酸素の質量は何gか。　[　　　　]

(3) 銅の質量と結びつく酸素の質量の比はどうなっているか。次の**ア～エ**から選び，記号で答えよ。　[　　　　]

　　ア 5：4　　**イ** 4：5　　**ウ** 4：1　　**エ** 1：4

(4) 1.2 gの銅を完全に酸化させると，何gの酸素と結びつくか。　[　　　　]

(5) 2.0 gの銅を完全に酸化させると，何gの酸化銅ができるか。　[　　　　]

(6) 酸化銅を2.0 g得るためには，銅は何g必要か。　[　　　　]

💡**ヒント**

② (3) ふたをしないと，発生した気体が空気中に出ていく。

③ 銅が反応しきれば，それ以上は酸素と結びつかない。

④ (2) （酸素の質量）＝（酸化銅の質量）－（銅の質量）

1 〈化学変化による質量の変化〉⚠️ミス注意

次の(1)～(6)について，反応の前後の容器全体の質量が同じものに〇，反応後の質量のほうが大きいものに△，反応後の質量のほうが小さいものに×をつけなさい。

(1) 炭酸水素ナトリウムを蒸発皿に入れて加熱する。　　　　　　　　　　　　[　　　]

(2) 密閉した容器の中で，うすい塩酸と炭酸水素ナトリウムを混ぜ合わせる。　[　　　]

(3) 空気中で燃焼さじにのせたスチールウールを燃焼させる。　　　　　　　　[　　　]

(4) うすい塩酸が入った試験管に，マグネシウムを入れる。　　　　　　　　　[　　　]

(5) うすい硫酸と塩化バリウム水溶液をビーカー内で混ぜ合わせる。　　　　　[　　　]

(6) 試験管内で，鉄と硫黄の粉末を混ぜたものを加熱する。　　　　　　　　　[　　　]

2 〈質量保存の法則〉

次の実験について，あとの問いに答えなさい。

〔実験〕① 右の図のように，ポリエチレンの容器の中に石灰石とうすい塩酸を入れ，ふたをして密閉した。このときの装置全体の質量は，a〔g〕であった。

② 容器を傾けて，石灰石とうすい塩酸を反応させると，泡が出てきた。

③ 泡が出なくなってから，装置全体の質量を測定すると，b〔g〕であった。

④ 容器のふたをゆるめてから，装置全体の質量を測定すると，c〔g〕であった。

(1) この実験で発生した気体は何か。物質名を書け。　　　　　　　　　　　　[　　　]

(2) aとbの関係を，次のア～ウから選び，記号で答えよ。　　　　　　　　[　　　]

　　ア　$a > b$　　　　　イ　$a = b$　　　　　ウ　$a < b$

(3) (2)のようになる法則を，何というか。　　　　　　　　　　　　　　　　　[　　　]

(4) aとcの関係はどうなるか。次のア～ウから選び，記号で答えよ。　　　[　　　]

　　ア　$a > c$　　　　　イ　$a = c$　　　　　ウ　$a < c$

3 〈化学変化と原子の数〉

銅原子が10個，酸素の分子が10個ある。銅と酸素が十分に結びついたとして，あとの問いに答えなさい。ただし，銅と酸素の結びつく化学反応の化学反応式は，次のように表される。

　　$2Cu + O_2 \longrightarrow 2CuO$

(1) 銅原子10個と結びついた酸素の分子は何個か。　　　　　　　　　　　　　[　　　]

(2) 反応せずに残った酸素の分子は何個か。　　　　　　　　　　　　　　　　[　　　]

4 〈金属の酸化と酸素の質量〉 🔑重要

図1は，マグネシウムを完全に酸化させたときの，マグネシウムの質量と得られる酸化物の質量の関係を示したものである。次の問いに答えなさい。

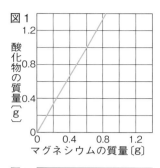

図1

(1) マグネシウムの酸化物の名前を書け。　　[　　　　　　　]

(2) マグネシウム0.6gを完全に酸化させると，何gの酸化物ができるか。　　　　　　　　　　　　　　[　　　　　]

(3) マグネシウム0.6gを完全に酸化させると，何gの酸素が結びつくか。　　　　　　　　　　　　　[　　　　　]

(4) 横軸をマグネシウムの質量，縦軸を結びついた酸素の質量として，その関係を示すグラフを図2にかけ。

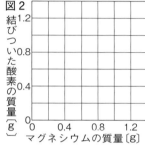

図2

(5) マグネシウムの質量と結びつく酸素の質量の比を，最も簡単な整数の比で示せ。　　　　[　　　　　]

⚠ミス注意 (6) 次の①〜④の質量は，それぞれ何gか。

① マグネシウム1.2gを完全に酸化させたときに，マグネシウムと結びつく酸素 [　　　　]

② マグネシウム1.5gを完全に酸化させてできる酸化物 [　　　　]

③ マグネシウムの酸化物3.0gを得るために必要なマグネシウム [　　　　]

④ マグネシウムの酸化物3.5gを得たとき，マグネシウムに結びついた酸素 [　　　　]

5 〈銅の酸化〉

次の実験について，あとの問いに答えなさい。

〔実験〕1.60gの銅粉をステンレス皿に入れて，右の図のように加熱し，十分に冷えてから質量を測定した。その後，加熱と質量の測定をくり返し行い，結果を下の表にまとめた。

銅の粉末

ステンレス皿

加熱の回数〔回〕	0	1	2	3	4	5
加熱後の質量〔g〕	1.60	1.82	1.93	2.00	2.00	2.00

(1) 次の①〜③の物質の質量は，5回目の加熱後では，それぞれ何gか。

① 銅と結びついた酸素の質量 [　　　　]

② ステンレス皿の上に残っている銅の質量 [　　　　]

③ ステンレス皿の上にある酸化銅の質量 [　　　　]

(2) 銅の質量と結びつく酸素の質量の比を，最も簡単な整数の比で示せ。[　　　　]

🏠カがつく (3) 次の①〜③の物質の質量は，2回目の加熱後では，それぞれ何gか。

① 銅と結びついた酸素の質量 [　　　　]

② ステンレス皿の上に残っている銅の質量 [　　　　]

③ ステンレス皿の上にある酸化銅の質量 [　　　　]

実力アップ問題

◎制限時間**40**分
◎合格点**80**点
▶答え　別冊p.6

点

1 次の実験について，あとの問いに答えなさい。

〈(1)4点，(2)～(7)2点×7〉

〔実験〕右の図のような装置で，かわいた試験管に炭酸
水素ナトリウムを入れて加熱し，気体を発生させた。
その気体を，ガラス管を通して火のついたろうそく
の入っている集気びんに導くと，ろうそくの火が消
えた。加熱後，試験管の口のところには液体がつい
ていた。また，試験管の中には炭酸ナトリウムが残
った。

炭酸水素ナトリウム
試験管
ガスバーナー
ろうそく

(1) 加熱するとき，試験管の口のほうを少し下げておく
理由を簡単に説明せよ。

(2) 発生した気体の名前と化学式を書け。

(3) 試験管の口のところについていた液体を青色の塩化コバルト紙につけると，何色に変わるか。

(4) (3)から，試験管の口のところについていた液体は何であることがわかるか。物質名を書け。

(5) 加熱後の試験管に残った炭酸ナトリウムを水に入れてかき混ぜてから，フェノールフタレイ
ン溶液を加えた。このときのようすとして正しいものを次の**ア～エ**から選び，記号で答えよ。

　　ア　水によく溶け，水溶液は無色になる。

　　イ　水によく溶け，水溶液は赤色になる。

　　ウ　水にあまり溶けずに沈殿ができ，水溶液は赤色になる。

　　エ　水にあまり溶けずに沈殿ができ，水溶液は青色になる。

(6) この実験のように，1種類の物質が2種類以上の物質に分かれる化学変化を何というか。

(7) (6)の化学変化をしているものを，次の**ア～エ**から2つ選び，記号で答えよ。

　　ア　銅と硫黄の混合物を加熱すると，硫化銅ができた。

　　イ　水酸化ナトリウム水溶液に電流を流すと，酸素と水素が発生した。

　　ウ　酸化銀を試験管に入れて加熱すると，酸素が発生し，試験管内には銀が残った。

　　エ　炭素を空気中で燃やすと，二酸化炭素ができた。

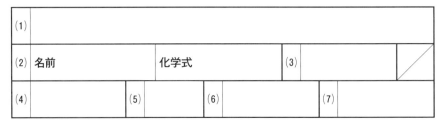

(1)								
(2) 名前		化学式			(3)			
(4)		(5)		(6)		(7)		

2 次の実験について，あとの問いに答えなさい。 〈3点×5〉

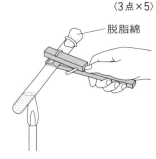

〔実験〕① 右の図のように，鉄粉と硫黄（いおう）をよく混ぜ合わせて試験管に入れ，その物質の上部を加熱して反応させた。

② 半分ぐらいまで色が赤く変わったところで，炎から試験管を出して加熱をやめた。すると，試験管内での反応は続き，変化した部分は全体に広がっていった。

(1) 反応後にできた物質の名前と化学式（かがくしき）を書け。

(2) (1)の物質に磁石（じしゃく）を近づけると，引きつけられるか，引きつけられないか。

(3) (1)の物質に塩酸を加えると，何という気体が発生するか。物質名を書け。

(4) この実験の反応と熱の出入りが異なるものを，次のア～エから選び，記号で答えよ。

　　ア　鉄粉と活性炭を混ぜたものに，食塩水を加えてかき混ぜたとき。

　　イ　水酸化バリウムと塩化アンモニウムを混ぜ合わせたとき。

　　ウ　うすい塩酸にマグネシウムを入れたとき。

　　エ　酸化カルシウムに水を加えたとき。

(1)	名前		化学式		(2)		(3)	
(4)								

3 右の図のようにしてスチールウールを燃やした。次の問いに答えなさい。 〈(1)4点，(2)・(3)3点×4〉

スチールウール
アルミニウムはく

(1) この実験で息をふきこんでいる理由を簡単に説明せよ。

(2) スチールウールが燃えてできた物質についての正しい説明を，次のア～エからすべて選び，記号で答えよ。

　　ア　黒くて光沢（こうたく）がない。　　イ　塩酸の中に入れると，気体を発生する。

　　ウ　電流が流れる。　　　　　　　　エ　さわるとボロボロにくずれる。

(3) ①～③の［　］に適当な語を入れ，次の文章を完成させよ。

　この実験では，鉄と空気中の［　①　］が結びついている。ある物質が①と結びついて別の物質ができる化学変化を［　②　］という。②のうち，この実験のように，熱や光を出しながら激しく①と結びつく化学変化を［　③　］という。

(1)							
(2)		(3) ①		②		③	

4 次の実験について，あとの問いに答えなさい。 〈3点×5〉

〔実験〕① 図1のように銅線を加熱し，色の変化を調べた。

② ①の銅線を，すぐに図2のように水素の入った試験管の中に入れ，色の変化を調べた。

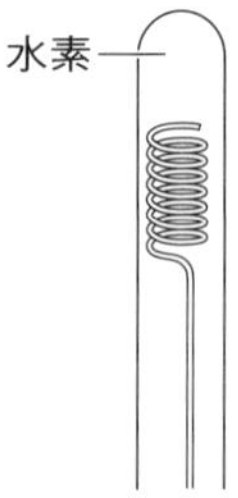

(1) ①と②では，銅線はそれぞれ何色に変化したか。次のア～オから選び，それぞれ記号で答えよ。

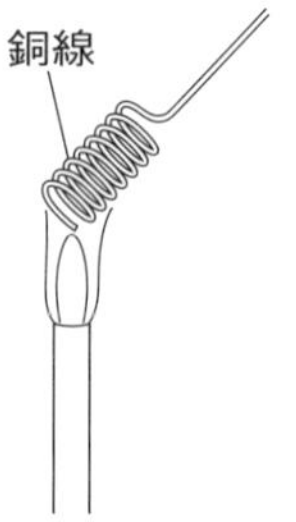

　ア　白色　　　イ　黒色　　　ウ　青色

　エ　緑色　　　オ　赤かっ色

(2) ①で起こった化学変化を，化学反応式で書け。

(3) ②の化学変化で，還元された物質と，酸化された物質は何か。それぞれの名前を書け。

図1　銅線

図2　水素

(1)	①		②		(2)	
(3)	還元された物質		酸化された物質			

5 次の実験について，あとの問いに答えなさい。 〈(1)・(3)3点×3，(2)・(4)各4点〉

〔実験1〕図1のように，うすい硫酸とうすい水酸化バリウム水溶液の質量をビーカーごと測定した。次に，2つの水溶液を混ぜてから，再び全体の質量を測定した。

〔実験2〕図2のように，密閉容器に石灰石とうすい塩酸を入れてふたをし，質量を測定した。次に，ふたをしたまま容器を傾けて容器の中の物質を反応させ，反応後の質量を測定した。

図1　うすい硫酸　うすい水酸化バリウム水溶液

図2　石灰石　ふた　うすい塩酸

(1) 実験1と実験2の反応でできた物質を，次のア～エから選び，それぞれ記号で答えよ。

　ア　硫化水素　　　イ　硫酸バリウム　　　ウ　塩化水素　　　エ　二酸化炭素

(2) 実験1での反応後の全体の質量は，反応前の全体の質量とくらべてどうなっているか。簡単に書け。

(3) (2)のようになる法則を何というか。

(4) 実験2を，ふたをしないで行った場合，ふたをして実験した場合とは異なる結果が出る。ふたをしないで実験した場合の結果を，理由もふくめて簡単に書け。

(1)	実験1		実験2		(2)	
(3)			の法則	(4)		

6 次の実験について，あとの問いに答えなさい。

〈(1)・(2)・(4)・(5)3点×5，(3)4点〉

図1

マグネシウムの粉末

ステンレス皿

〔実験〕① ガスバーナーで加熱しても質量が変化しないステンレス皿A～Dを用意し，電子てんびんで質量をはかった。

② 質量9.94gのステンレス皿Aにマグネシウム粉末を入れ，ステンレス皿をふくめた全体の質量を電子てんびんではかると，10.24gであった。これを図1のように加熱し，マグネシウムをすべて酸化マグネシウムにしてから，<u>ステンレス皿をふくめた全体の質量をはかると，10.45gであった。</u>

③ ステンレス皿B～Dに，それぞれ異なる質量のマグネシウム粉末を入れ，②と同じように加熱前後の質量を調べた。

④ ステンレス皿A～Dでの実験結果を，右の表にまとめた。

(1) マグネシウムが酸化マグネシウムになる化学変化を，化学反応式で書け。

(2) 下線部の10.45gのうち，酸化マグネシウムの質量は何gか。

(3) マグネシウムの質量と酸化マグネシウムの質量の関係を示すグラフを，図2にかけ。

(4) この実験でできた酸化マグネシウムにふくまれるマグネシウムと酸素の質量の比を，最も簡単な整数の比で表せ。

(5) 1.80gのマグネシウム粉末をステンレス皿Aにのせて短時間加熱すると，全体の質量が12.24gになった。このとき，次の①，②の質量を求めよ。

① ステンレス皿の上にある酸化マグネシウムの質量

② ステンレス皿の上に残っているマグネシウムの質量

ステンレス皿	ステンレス皿の質量〔g〕	ステンレス皿をふくめた全体の質量〔g〕	
		加熱前	加熱後
A	9.94	10.24	10.45
B	9.93	10.53	10.92
C	9.94	10.84	11.43
D	9.96	11.16	11.97

図2

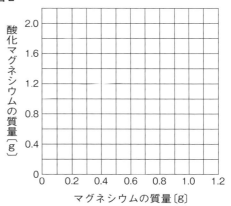

（縦軸）酸化マグネシウムの質量〔g〕
（横軸）マグネシウムの質量〔g〕

(1)					
(2)		(3) 図2中にかき入れよ。		(4)	
(5) ①		②			

① 生物と細胞

重要ポイント

① 細胞のつくり

- □ **細胞**…生物の最小構成単位。植
  └→小さな部屋のようなつくりになっている。
  物，動物のからだは，細胞が

  集まってできている。

- □ **核**…細胞の中の，染色液によく
  └酢酸カーミン溶液や酢酸オルセイン溶液→
  染まる丸いもの。

- □ **細胞膜**…細胞の外側を囲むう

  すい膜。

- □ **細胞壁**…細胞膜の外側の厚くてじょうぶなつくり。**植物のからだを支える。**
  └→葉や茎の緑色をした部分の細胞にある。

- □ **葉緑体**…**光合成を行う。**

- □ **液胞**…細胞の活動にともなってできた**貯蔵物質**や**不要な物質**をためる。
  └→成長した植物の細胞ほど，大きい。

- □ **細胞質**…核のまわりの部分。細胞壁と核以外の部分。
  └→細胞膜や葉緑体もふくむ。

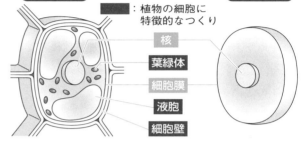

植物の細胞　□：共通するつくり　■：植物の細胞に特徴的なつくり　動物の細胞
核／葉緑体／細胞膜／液胞／細胞壁

② 単細胞生物と多細胞生物

- □ **単細胞生物**…からだが **1 個の細胞**だけでできて
  └→ミドリムシ，ゾウリムシ，ミカヅキモ，アメーバなど
  いる生物。1 個の細胞の中に，すべての生命

  活動を行うためのしくみがそろっている。

- □ **多細胞生物**…からだが**複数の細胞**でできている
  └→ミジンコ，オオカナダモ，ヒトなど
  生物。各細胞にはさまざまなはたらきがある。

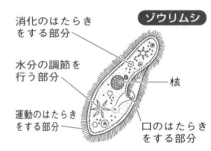

ゾウリムシ
消化のはたらきをする部分／水分の調節を行う部分／核／運動のはたらきをする部分／口のはたらきをする部分

- □ **組織**…形やはたら

  きが同じ細胞が

  集まったもの。

- □ **器官**…1 つのまと

  まった形をもち，

  特定のはたらき

  をする部分。

- □ **個体**…独立した 1

  個の生物体。

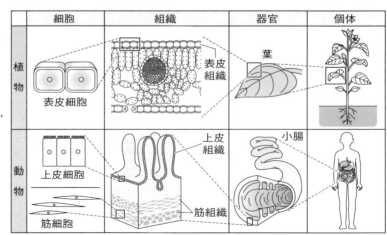

	細胞	組織	器官	個体
植物	表皮細胞	表皮組織	葉	
動物	上皮細胞／筋細胞	上皮組織／筋組織	小腸	

● 植物と動物の細胞に共通するつくりは核，細胞膜である。
● 多細胞生物のからだは，特定のはたらきをする器官が集まってできている。器官はいくつか の組織が集まってできている。さらに，組織は形やはたらきが同じ細胞が集まってできている。

ポイント **一問一答**

① 細胞のつくり

- ☐ (1) 生物の最小構成単位を何というか。
- ☐ (2) 右の図の**A～E**の部分を，何というか。
- ☐ (3) 染色液でよく染まる細胞のつくりは何か。
- ☐ (4) (3)の細胞のつくりをよく染めることができる
  薬品を，次の**ア～エ**からすべて選べ。
  ア 酢酸カーミン溶液
  イ フェノールフタレイン溶液
  ウ 酢酸オルセイン溶液
  エ ヨウ素溶液
- ☐ (5) 植物のからだを支えるのに役立っている細胞のつくりは何か。
- ☐ (6) 光合成をする細胞のつくりは何か。
- ☐ (7) 細胞の活動にともなってできた貯蔵物質や不要物質をためる細胞のつくりは何か。
- ☐ (8) 細胞の核のまわりの部分で，細胞壁を除いた部分を何というか。

植物の細胞　　　　動物の細胞

A
B
C
D　E

② 単細胞生物と多細胞生物

- ☐ (1) からだが1個の細胞だけでできている生物を何というか。
- ☐ (2) からだが複数の細胞でできている生物を何というか。
- ☐ (3) (2)の生物を，次の**ア～エ**のなかから1つ選べ。
  ア ミカヅキモ　　　**イ** オオカナダモ
  ウ ゾウリムシ　　　**エ** アメーバ
- ☐ (4) 形やはたらきが同じ細胞が集まってできているものを何というか。
- ☐ (5) 植物の葉や動物の小腸のように，(4)が集まってできた，特定のはたらきをする部分を何というか。
- ☐ (6) 独立した1個の生物体を何というか。

答　① (1) 細胞　(2) A…核　B…細胞膜　C…細胞壁　D…葉緑体　E…液胞　(3) 核　(4) ア，ウ
　　(5) 細胞壁　(6) 葉緑体　(7) 液胞　(8) 細胞質
　② (1) 単細胞生物　(2) 多細胞生物　(3) イ　(4) 組織　(5) 器官　(6) 個体

基礎問題

▶答え 別冊p.7

1 〈動物の細胞のつくり〉

右の図は，動物の細胞のつくりを示したものである。次の問いに答えなさい。

(1) 図中のA，Bの名前を書け。

A [   ] B [   ]

(2) ほとんどの細胞では，図中のAの数はいくつか。

[   ]

(3) 酢酸カーミン溶液によって動物の細胞を染色すると，どうなるか。次のア～エから1つ選び，記号で答えよ。

[   ]

ア 図中のAとBの部分がよく染まる。　イ 図中のAの部分がよく染まる。

ウ 図中のBの部分がよく染まる。　エ 図中のAとB以外の部分がよく染まる。

2 〈植物の細胞のつくり〉 ●重要

右の図は，植物の細胞のつくりを示したものである。次の問いに答えなさい。

(1) 図中のA～Eの名前を書け。　A [   ]

B [   ] C [   ]

D [   ] E [   ]

(2) 図中のBとD以外の部分をあわせて，何というか。

[   ]

(3) 酢酸オルセイン溶液でよく染まる部分を，図中のA～Eから1つ選び，記号で答えよ。

[   ]

(4) 植物と動物のどちらの細胞にも共通するつくりはどれか。図中のA～Eからすべて選び，記号で答えよ。 [   ]

(5) 図中のA，B，Eのはたらきは何か。次のア～エからそれぞれ選び，記号で答えよ。

A [   ] B [   ] E [   ]

ア 植物のからだを支える。　イ 貯蔵物質や不要な物質をためる。

ウ 光合成を行う。　エ 生きるためのエネルギーをとり出す。

(6) 細胞の中に図中のEがあるものを，次からすべて選び，記号で答えよ。 [   ]

ア 葉の緑色の部分の細胞　イ 根の白色の部分の細胞

ウ 茎の緑色の部分の細胞　エ 花弁の赤色の部分の細胞

34

3 〈多細胞生物と単細胞生物〉

下のA〜Eは，水中の小さな生物を示している。あとの問いに答えなさい。

A ミドリムシ　　B ゾウリムシ　　C ミジンコ　　D ミカヅキモ　　E アメーバ

(1) A〜Eのそれぞれについて，からだが1つの細胞だけでできている生物に△，からだが複数の細胞でできている生物に○をつけよ。

A [　　] B [　　] C [　　] D [　　] E [　　]

(2) からだが1つの細胞だけでできている生物を，何というか。 [　　　　　]

(3) からだが複数の細胞でできている生物を，何というか。 [　　　　　]

⚠️ ミス注意 (4) 1つの細胞の中に，生命活動を行うためのしくみがそろっている生物はどれか。A〜Eからすべて選び，記号で答えよ。 [　　　　　]

4 〈植物のからだの成り立ち〉

下の図は植物のからだの成り立ちを示したものである。あとの問いに答えなさい。

細胞	A	B	個体
表皮細胞		葉	

(1) 図中のAのように，形や大きさが同じ細胞が集まったものを何というか。[　　　　　]

(2) 図中のBのように，Aが集まってできていて，特定のはたらきをする部分を何というか。

[　　　　　]

ヒント

1 (3) 酢酸カーミン溶液や酢酸オルセイン溶液などの染色液を使うと，核を染めることができる。

2 (4) 動物と植物の細胞に共通する部分は，核と細胞膜である。

3 (4) 単細胞生物のからだは，生命活動に必要なしくみがすべてそろった，1つの細胞でできている。

1 〈植物の細胞の観察〉 🔑重要

次の観察について，あとの問いに答えなさい。

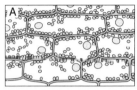

〔観察〕① 2枚のスライドガラス**A**，**B**にオオカナダモの葉を1枚

ずつのせた。

② **A**には酢酸カーミン溶液を1滴落として，3分おいてからカ

バーガラスをかぶせた。**B**には水を1滴落としてから，カバーガ

ラスをかぶせた。

③ 顕微鏡で**A**，**B**を観察すると，右の図のように見えた。

(1) **A**で酢酸カーミン溶液を使っているのは，何を見やすくするためか。　　［　　　　　　］

(2) **B**で観察された緑色の粒を何というか。　　［　　　　　　］

(3) (2)の粒では，何というはたらきが行われているか。　　［　　　　　　］

2 〈いろいろな細胞の顕微鏡観察〉 🔑重要

ヒトのほおの内側の粘膜，ムラサキツユクサの葉の裏側の表皮，タマネギの表皮の3種類の

試料を，酢酸オルセイン溶液で染色してから顕微鏡で観察すると，下の**A**～**C**のように見えた。

あとの問いに答えなさい。

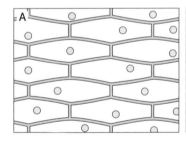
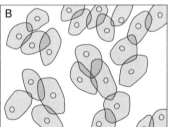
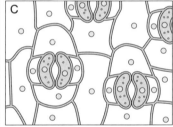

(1) 次の①，②のときに，対物レンズは何倍のものを使えばよいか。

① 10倍の接眼レンズを使い，観察するときの倍率を150倍にするとき　　［　　　　　　］

② 15倍の接眼レンズを使い，観察するときの倍率を600倍にするとき　　［　　　　　　］

(2) 顕微鏡で観察していて視野の明るさが不均一のときには，顕微鏡の何を動かせば視野全体を

明るくできるか。　　［　　　　　　］

(3) 顕微鏡で観察していてプレパラートがかわいてきたときには，どうすればよいか。次の**ア**～

ウから選び，記号で答えよ。　　［　　　　　　］

ア カバーガラスの上から，スポイトで静かに水を加える。

イ カバーガラスとスライドガラスのすき間に，スポイトで静かに水を加える。

ウ カバーガラスとスライドガラスのすき間にろ紙をあてて，水を吸いとる。

(4) 次の文章の①～③の[　　]に適当な語を入れ，文を完成させよ。

① [　　　　] ② [　　　　] ③ [　　　　]

　顕微鏡(けんびきょう)で観察することができた，それぞれの小部屋のようなものを[　①　]という。ヒトのほおの内側の粘膜(ねんまく)の①では，外側を[　②　]が囲んでいて，丸みを帯びている。ムラサキツユクサの葉，タマネギの表皮の①では，②のさらに外側を[　③　]が囲んでいて，それぞれの①の境界がはっきりしている。

(5) 次の①，②を観察したものを，A～Cからそれぞれ選び，記号で答えよ。

① ヒトのほおの内側の粘膜　　　　　　　　　　　　　　　　　[　　　]

② ムラサキツユクサの葉の裏側の表皮　　　　　　　　　　　　[　　　]

3 〈細胞(さいぼう)のつくり〉
右の図は，植物の細胞のつくりを示したものである。次の問いに答えなさい。

(1) 植物の細胞に特徴的で，動物の細胞に見られない部分を，図中のA～Fからすべて選び，記号で答えよ。　　　　[　　　]

(2) 細胞質(さいぼうしつ)にふくまれる部分を，図中のA～Fからすべて選び，記号で答えよ。　　　　[　　　]

(3) 不要な物質や色素をためる部分を，図中のA～Fから選び，記号で答えよ。　　　　[　　　]

4 〈ゾウリムシのからだのつくり〉
右の図は，ゾウリムシのからだのつくりを示したものである。次の問いに答えなさい。

(1) 細胞の核(かく)を，図中のA～Eから選び，記号で答えよ。　　　　[　　　]

(2) ゾウリムシのからだをつくっている細胞の数は，1つか，複数か。　　　　[　　　]

(3) からだをつくっている細胞の数が，(2)のような生物を何というか。　　　　[　　　]

(4) ゾウリムシにあてはまるものを，次のア～エからすべて選び，記号で答えよ。

[　　　]

ア　水の中を泳ぐことができる。

イ　光合成を行うことができる。

ウ　えさを食べるための，口のような部分がある。

エ　食べたものを消化する胃がある。

(5) (3)の生物のなかまにふくまれるものを，次のア～エからすべて選び，記号で答えよ。

[　　　]

ア　ミドリムシ　　　　イ　ミカヅキモ　　　　ウ　ミジンコ　　　　エ　アメーバ

② 植物のからだのつくりとはたらき

重要ポイント

① 根・茎・葉のつくりとはたらき

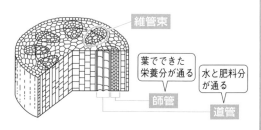

- □ **根のつくり**…根の先端近くには根毛が
  ある。

- □ **根のはたらき**…からだを大地に固定し，
  土中の水や水にとけた肥料分を吸収する。

- □ **根毛のはたらき**…根毛があることによ
  って根と土がふれる面積が大きくなり，
  土中の水や水にとけた肥料分を効率よ
  く吸収することができる。

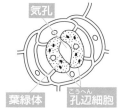

- □ **茎のつくり**…根から吸収された土中の水や水にとけた肥料分
  の通る道管と，葉でつくられた栄養分の通る師管が束にな
  って，維管束となっている。
  └→輪状に並ぶものと，ばらばらに分布するものがある。

- □ **茎のはたらき**…からだを支え，水・肥料分・栄養分の通り道となっている。

- □ **葉のつくり**…表面にすじが見られる。拡大すると多数の細胞が見られ，表皮には気孔
  └→葉脈という   気体が出入りする穴←┘
  が見られる。多くの植物で気孔は葉の裏側に多い。

- □ **葉のはたらき**…光合成や蒸散を行う。
  植物体内の水が水蒸気になって出ていくこと。←┘

② 光合成と呼吸

- □ **光合成**…水＋二酸化炭素 $\xrightarrow{\text{光（日光）}}$ デンプンなどの栄養分＋酸素
  └→葉緑体で行われる。 └→石灰水が白くにごる。 └→呼吸の材料，成長するための栄養分として使われる。

- □ **植物の呼吸**…動物と同様に，酸素をとり入れて二酸化炭素を出す。
  └→光合成と気体の出入りが逆になっている。

- □ **植物の光合成と呼吸**…光が当たる昼は光合成と呼吸の両方を行い，夜などの光が
  当たらないときは呼吸だけ行う。

葉でデンプンがつくられていることを調べる手順

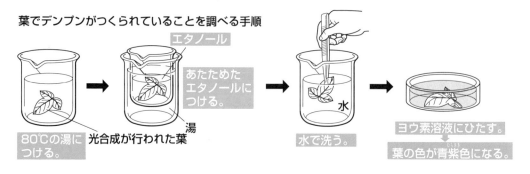

ポイント 一問一答

① 根・茎・葉のつくりとはたらき

- ☐ (1) 根の先端近くにある細い毛のようなものを何というか。
- ☐ (2) (1)があることで，何が大きくなり，水などを効率よく吸収ができるようになるか。
- ☐ (3) 茎のなかで葉でできた栄養分の通り道は，何という管か。
- ☐ (4) 茎のなかで，水にとけた肥料分の通り道は，何という管か。
- ☐ (5) 道管と師管が集まって，束になったつくりを何というか。
- ☐ (6) (5)のうち，茎の内部で内側にあるつくりは，道管か。師管か。
- ☐ (7) 葉の表面に見られるすじを何というか。
- ☐ (8) 葉の表皮の，孔辺細胞に囲まれたすき間を何というか。
- ☐ (9) 植物体内の水が水蒸気となって，おもに気孔から出ていく現象を何というか。

② 光合成と呼吸

- ☐ (1) 光合成の原料になる気体アは何か。
- ☐ (2) 光合成は，細胞内の何という部分で行われるか。
- ☐ (3) 光合成によってできる気体イは何か。
- ☐ (4) 葉にデンプンができたことを確かめるために使う溶液は何か。
- ☐ (5) デンプンがつくられた葉を脱色して(4)をかけると，葉は何色に染まるか。
- ☐ (6) (5)の実験で葉の緑色を脱色して，葉の色の変化を見やすくするために使う液体は何か。
- ☐ (7) 出入りする気体が光合成と逆であり，植物が昼も夜も行っているはたらきを何というか。
- ☐ (8) (7)によって発生した気体を石灰水に通すと，石灰水はどのようになるか。

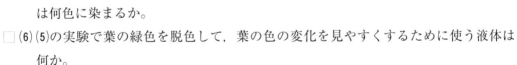

答

① (1) 根毛 (2) 根と土がふれる面積 (3) 師管 (4) 道管 (5) 維管束 (6) 道管 (7) 葉脈 (8) 気孔
(9) 蒸散

② (1) 二酸化炭素 (2) 葉緑体 (3) 酸素 (4) ヨウ素溶液 (5) 青紫色 (6) エタノール (7) 呼吸
(8) 白くにごる。

基礎問題

▶答え　別冊p.8

1 〈植物体内での物質の移動〉 🏠がっく

右の図は，植物の光合成と，これに関係する物質の移動について，模式的に示したものである。次の問いに答えなさい。

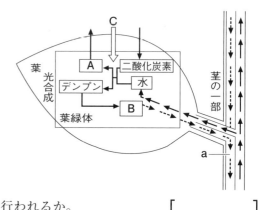

(1) 図中のAは光合成によってできる気体で，大気中に放出される。Aの名前を書け。

[　　　　　　　]

(2) 図中のAが大気中に放出されたり，二酸化炭素が大気中からとり入れられたりするのは，おもに葉の何という部分を通して行われるか。　　[　　　　　　　]

(3) 光合成によってできたデンプンは，水に溶けやすい物質Bに変えられて植物体内を移動する。この物質Bが通る，図中のaの管を何というか。　　[　　　　　　　]

(4) 植物の光合成には，材料となる物質のほかにも，図中のCが必要である。Cは何か。

[　　　　　　　]

(5) 植物がより多くのCを受けるために，真上から見ると葉はどのように茎についているか。簡単に書け。

[　　　　　　　　　　　　　　　　　　　　　　　　　]

2 〈植物の呼吸〉

次の実験について，あとの問いに答えなさい。

〔実験〕① 右の図のように，ポリエチレンの袋に新鮮なコマツナを入れてから，気体検知管を使って酸素と二酸化炭素の割合を調べた。

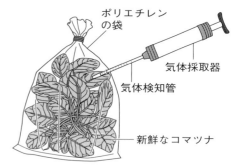

② ①の袋を暗いところに置き，3時間たってから，再び気体検知管を使って酸素と二酸化炭素の割合を調べた。

(1) ②の酸素の量はどうなっているか。次のア～ウから選び，記号で書け。　　[　　　　　]

　ア　①よりも多い。　　　イ　①と同じ。　　　ウ　①よりも少ない。

(2) ②の二酸化炭素の量はどうなっているか。(1)のア～ウから選び，記号で書け。

[　　　　　]

(3) この実験から，光が当たらないときに，植物が何を行っていることがわかるか。次のア～エから選び，記号で書け。　　[　　　　　]

　ア　発芽　　　　イ　成長　　　　ウ　光合成　　　　エ　呼吸

3 〈光合成〉 **重要**

次の観察について，あとの問いに答えなさい。

〔観察〕オオカナダモに数時間日光を当て，①先端近くの葉をとって顕微鏡で観察した。次に，この葉を熱湯にしばらくつけた後，スライドガラスにのせ，②ヨウ素溶液をたらしてからプレパラートをつくり，顕微鏡で観察した。

(1) 下線部①の観察では，右の図のように，細胞の中に緑色の粒が観察された。この緑色の粒の名前を書け。
[   ]

(2) 下線部②の観察では，(1)の粒は何色に見えるか。
[   ]

(3) (2)から，光合成によって何ができていることがわかるか。 [   ]

(4) 光合成に必要なものを，次の**ア〜オ**から3つ選び，記号で答えよ。
[   ][   ][   ]

ア 酸素　　**イ** 二酸化炭素　　**ウ** デンプン　　**エ** 光　　**オ** 水

4 〈植物のからだのつくりとはたらき〉

図1はホウセンカの茎，図2はホウセンカの葉の断面の一部を模式的に示したものである。あとの問いに答えなさい。

図1
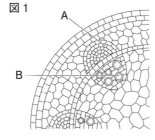

図2
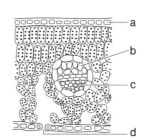

(1) 根の先端近くに生えている，細い毛のようなものを何というか。 [   ]

(2) 図1で，師管を表しているのは，AとBのどちらか。 [   ]

(3) 図1で，水と肥料分の通り道になっているのは，AとBのどちらか。 [   ]

(4) 図1のAとBの部分が束になったものを，何というか。 [   ]

(5) 図2で，蒸散による水蒸気の出口になっている部分はどこか。図2のa〜dから選び，記号で答えよ。また，その部分の名前を書け。 記号[   ] 名前[   ]

ヒント

2 光合成では二酸化炭素が減って酸素がふえる。呼吸では反対に，酸素が減って二酸化炭素がふえる。

3 植物に光が当たると，光合成が行われ，二酸化炭素と水からデンプンなどの栄養分と酸素ができる。

4 根から吸い上げた水や，肥料分の通り道を道管，葉でつくられた栄養分の通り道を師管という。

1 〈光合成を調べる実験〉 ●重要

次の実験について，あとの問いに答えなさい。

〔実験〕ふ入りのコリウスの葉の一部を**図1**のようにアルミニウムはくでおおって一晩おき，翌日，十分に日光を当てた。その後，葉を枝から切りとり，ヨウ素溶液を使ってデンプンがあるかどうかを調べた。**図2**は，その結果を示したものである。

図1

ふ入りの葉

アルミニウムはく　クリップ

(1) 葉のふ入りの部分には，ほかの緑色の部分の細胞にある緑色の粒がない。この緑色の粒は何か。　　　[　　　　　　]

ミス注意 (2) 下線部について，正しい手順になるように，次の**ア～エ**を並べよ。　　　[　　　　　　]

　　ア　あたためたエタノールに葉をつける。

　　イ　熱湯に葉をつける。

　　ウ　ヨウ素溶液に葉をつける。

　　エ　葉を水で洗う。

図2

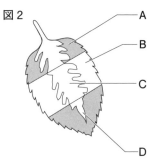

A
B
C
D

(3) デンプンができた部分を，**図2**の**A～D**からすべて選べ。

　　　[　　　　　　]

 がつく (4) 次の①，②のことは，**図2**のどの結果をくらべることでわかるか。**図2**の**A～D**からそれぞれ2つずつ選び，記号で答えよ。

　　① 光合成が行われるのは，葉の緑色の部分であること。　　[　　と　　]

　　② 光合成が行われるのは，光が当たったときであること。　　[　　と　　]

2 〈光合成の材料〉 ●重要

次の実験について，あとの問いに答えなさい。

〔実験〕2本の試験管を用意し，試験管**A**にはタンポポの葉を入れ，呼気をふきこんでゴム栓をした。試験管**B**には呼気をふきこむだけでゴム栓をした。これらを，右の図のようにして日光にしばらく当てたあと，それぞれの試験管に石灰水を入れて振った。すると，試験管**B**のほうが，石灰水がより白くにごった。

日光

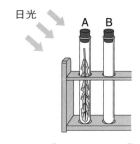

A　B

(1) 2本の試験管に呼気をふきこんだのは，何の割合をふやすためか。　　[　　　　　　]

(2) 実験の結果から，タンポポの葉のはたらきについて，どんなことがわかるか。簡単に書け。

　　[　　　　　　　　　　　　　　　　　　　　　　　　　　　　　　　　　　　]

(3) この実験で，試験管**B**を用意したのは，石灰水のにごり方のちがいが，タンポポの葉によるものであることをはっきりさせるためである。このような実験を何というか。[　　　　　]

3 〈蒸散を調べる実験〉
次の実験について，あとの問い
に答えなさい。

〔実験〕右の図のように，葉の大
きさと枚数がほぼ同じ枝**A〜C**
のうち，**B**と**C**の葉にはワセリ
ンをぬり，水中で茎を切ってか
らメスシリンダーに入れて，水
面に油をたらした。数時間後，
水の減り方を調べた。

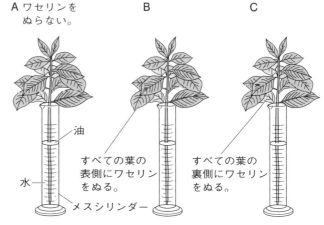

A ワセリンを
ぬらない。

B

C

油

水

メスシリンダー

すべての葉の
表側にワセリン
をぬる。

すべての葉の
裏側にワセリン
をぬる。

(1) 下線部のように油をたらす理由を，簡単に説明せよ。

[　　　　　　　　　　　　　　　　　　　　　　　　　　　　　　　　　　]

(2) 次の①，②からわかることを，**ア〜ウ**からそれぞれ選び，記号で答えよ。

① **A**，**B**の枝での水の減少量のちがい 　　　　　　　　　　　　 [　　　]

② **A**，**C**の枝での水の減少量のちがい 　　　　　　　　　　　　 [　　　]

ア 葉の表側からの蒸散量　　　**イ** 葉の裏側からの蒸散量　　　**ウ** 枝全体からの蒸散量

(3) 水の減少量が多い順に，**A〜C**を並べよ。 　　　　　　　　 [　　　]

(4) 次の①〜④の[　]に適当な語を入れ，下の文を完成させよ。

① [　　　] ② [　　　] ③ [　　　] ④ [　　　]

　　地中の水は根の表面から吸収される。根の先端近くには[①]があり，水を吸収しやす
くなっている。吸収された水は，根や茎の[②]を通って上昇し，葉に達した水はおも
に[③]から蒸散によって出ていく。多くの植物では，③は葉の[④]側に多い。

4 〈茎のつくりとはたらき〉 **重要**
右の図は，トウモロコシとホウセ
ンカの茎の断面を模式的に示した
ものである。次の問いに答えな
さい。

図1

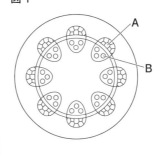

A

B

図2

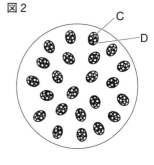

C

D

(1) ホウセンカの茎の断面を示してい
るのは，**図1**と**図2**のどちらか。

[　　　]

(2) 図の**A**，**B**の部分の名前を書け。 　　　　　　　A [　　　] B [　　　]

(3) 葉でできた栄養分の通り道を，図中の**A〜D**から2つ選び，記号で答えよ。

[　　　][　　　]

(4) トウモロコシとホウセンカを根ごと掘りとり，赤インクで着色した水につけておくと，茎の
一部が赤く染まった。赤く染まった部分を，図中の**A〜D**から2つ選び，記号で答えよ。

[　　　][　　　]

実力アップ問題

◎制限時間 **40**分
◎合格点 **80**点
▶答え　別冊p.9

点

1 右の図は，動物と植物の細胞を模式的に示したものである。次の問いに答えなさい。　〈2点×8〉

A　　　　　　　B

(1) 動物の細胞は，図中の**A**，**B**のどちらか。

(2) 動物と植物の細胞に共通する，図中の**a**の部分を何というか。

(3) **a**の部分をよく染めることができる薬品を，次の**ア**〜**エ**から選び，記号で答えよ。

　ア　ベネジクト溶液　　**イ**　酢酸オルセイン溶液　　**ウ**　BTB溶液　　**エ**　エタノール

(4) 次の①，②にあてはまるつくりは何か。図中の**b**〜**e**から選び，それぞれ記号と名前を答えよ。

　① 細胞の活動によってできた不要な物質をためるつくり

　② 植物のからだをささえるつくり

(5) 細胞が集まって組織，器官をつくっていて，個体全体がさまざまな細胞からできている生物を，何というか。

(1)		(2)		(3)		
(4)	①記号	名前		②記号	名前	(5)

2 図1のような顕微鏡を使って，水中の微生物の観察をした。次の問いに答えなさい。　〈2点×11〉

図1

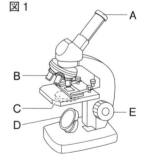

(1) 図1の**A**〜**E**の各部分の名前を答えよ。

(2) 視野の全体や一部が暗いときには，どの部分で調整するか。図1の**A**〜**E**から2つ選び，記号で答えよ。

(3) 顕微鏡の使い方として正しいものはどれか。次の**ア**〜**エ**からすべて選び，記号で答えよ。

　ア　顕微鏡は直射日光が当たる明るい場所に置いて使う。

　イ　レンズをとりつけるときには，対物レンズの前に接眼レンズをとりつける。

　ウ　観察するときの倍率は，最初は最も低くする。

　エ　接眼レンズをのぞきながら対物レンズとプレパラートを近づけ，ピントを合わせる。

(4) 図2は，顕微鏡で観察をした水中の小さな生物のスケッチである。これについて，次の①〜④の問題に答えなさい。

① 図2のAの生物を観察したとき，対
物レンズの倍率は10倍であった。こ
のときの接眼レンズの倍率は何倍か。

② 顕微鏡で観察をした生物のうち，ミ
ドリムシはどれか。図中のA～Dか
ら選び，記号を答えよ。

図2

A   B   C   D

（400倍）（400倍）（600倍）（40倍）

③ 顕微鏡で観察をした生物のうち，か
らだが1つの細胞からできている生物はどれか。図中のA～Dからすべて選び，記号を答
えよ。

④ ③のように，からだが1つの細胞からできている生物を何というか。

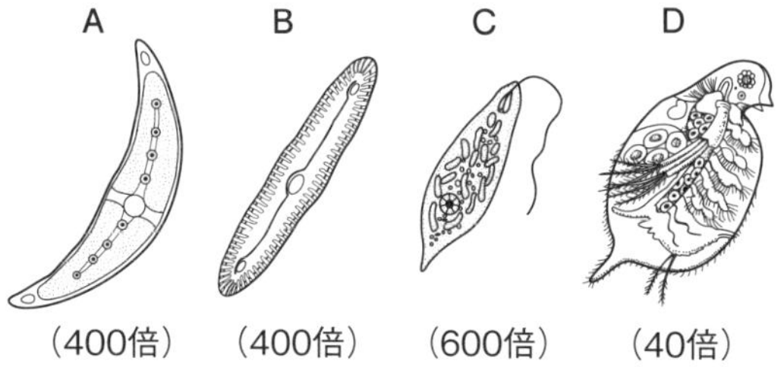

(1)	A	B	C	D	E
(2)		(3)			
(4)	①	②	③	④	

3 次の実験について，あとの問いに答えなさい。　　　　　　　〈2点×5〉

〔実験〕図1のように，植物の葉が入っ
た袋Aと，何も入っていない袋Bを用
意し，光の当たらないところに2～3
時間置いた。

図1   図2

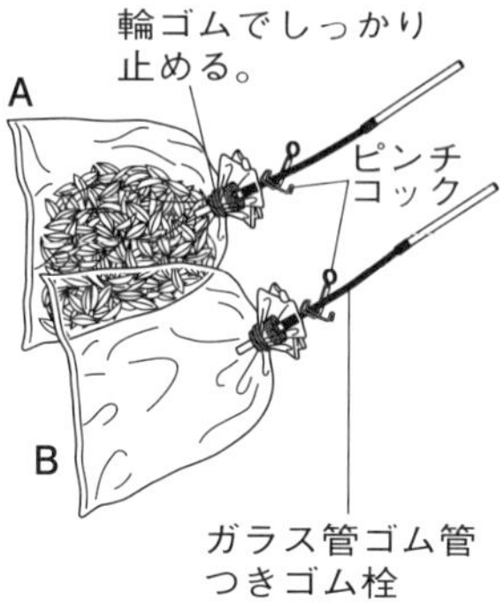

輪ゴムでしっかり
止める。

ピンチ
コック

ガラス管ゴム管
つきゴム栓

石灰水

(1) A，Bの空気を図2のようにして石灰
水に通すとどうなるか。次のア～ウか
らそれぞれ選び，記号で答えよ。

ア　青紫色になる。

イ　白くにごる。

ウ　変化しない。

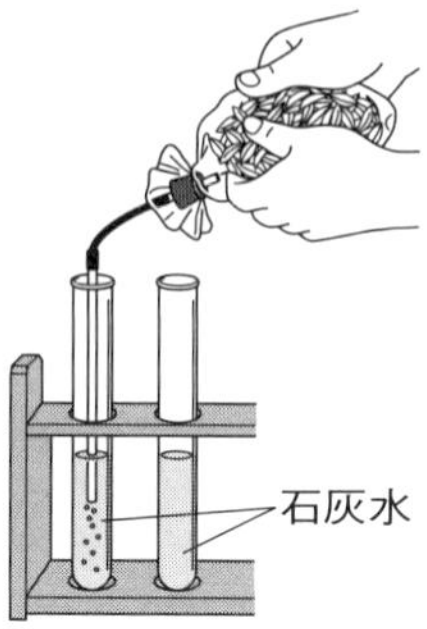

(2) 光が当たっていない植物が，植物が一日中行うはたらきによって体外に出す気体と，体内に
とり入れる気体は何か。それぞれの名前を書け。

(3) この実験から，光の当たっていない夜間には，植物が何を行っていると考えられるか。次の
ア～ウから1つ選び，記号で書け。

ア　光合成と呼吸の両方　　イ　光合成だけ　　ウ　呼吸だけ

(1)	A	B	(2)	出す気体	とり入れる気体
(3)					

4 右の図は，トウモロコシとホウセンカの茎の横断
面，根の広がるようすを模式的に示している。次
の問いに答えなさい。　　　　　　　〈2点×8〉

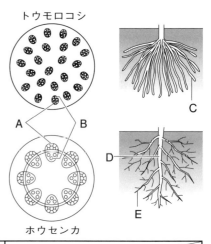

トウモロコシ

ホウセンカ

(1)図中のA，Bの部分を何というか。

(2)図中のAとBの束を何というか。

(3)根で吸収した水や肥料分が通る部分は，図中のAと
Bのどちらか。記号で答えよ。

(4)図中のC〜Eの根を何というか。

(5)根の先端近くにある，細くて毛のようになっている
部分を何というか。

(1)	A	B	(2)		
(3)		(4) C	D	E	(5)

5 次の実験について，あとの問いに答えなさい。　　　　　〈(1)・(2)3点×2，(3)2点×4〉

〔実験〕葉の表裏での水分の蒸発のちがい
を調べるために，ほぼ同じ大きさの葉
がついていて，枚数がそろっている枝
A，Bを用意し，右の図のような装置
で，水の減り方を調べた。

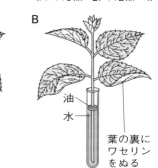

A

B

油
水

葉の表に
ワセリン
をぬる

油
水

葉の裏に
ワセリン
をぬる

(1)葉の一部にワセリンをぬるのはなぜか。
簡単に説明せよ。

(2)水が減る量が多いのは，枝A，Bのど
ちらか。記号で答えよ。

(3)次の文章の①〜④の[　　]に適当な語を入れ，文章を完成させよ。

　　この実験から，葉の表と裏とをくらべると，葉の[　①　]のほうが[　②　]の量が多いこ
とがわかる。これは，水蒸気や二酸化炭素などの気体の出入り口である[　③　]が，葉
の[　④　]に多いからである。

(1)					
(2)		(3) ①	②	③	④

6 次の実験について、あとの問いに答えなさい。　　　〈(1)・(2)2点×4, (3)3点×2〉

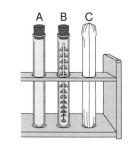

〔実験〕① 青色のBTB溶液にストローで息をふきこんで緑色にしたものを、3本の試験管A、B、Cに入れた。Aはそのままにし、BとCには水草を入れた。また、Cには光が当たらないようにアルミニウムはくを巻いた。

② 3本の試験管を日当たりがよい場所にしばらく置いておくと、Aは変化せず、Bは青色に変化し、Cは黄色に変化した。

(1) ①で、ストローを使って息をふきこんだとき、水の中の何がふえたか。

(2) ②でしばらくおいた後のA〜Cは、それぞれ何性か。

(3) B、Cが変色したのはなぜか。それぞれ簡単に説明せよ。

(1)		(2)	A		B		C		
(3)	B								
	C								

7 次の実験について、あとの問いに答えなさい。　　　〈2点×4〉

〔実験〕① 鉢に植えた図1のようなふ入りの葉のあるアサガオを一昼夜暗い場所に置いた。

② ふが入った2枚の葉A、Bを選び、葉Aには日光が当たらないように黒い袋をかぶせ、葉Bはそのままにして、鉢ごと日光の当たる場所に置いた。

③ 半日後、葉A、Bを切りとり、それぞれ熱湯につけてから、図2のように、葉A、Bをそれぞれあたためたエタノールに入れた。

④ 葉A、Bを水洗いしてうすいヨウ素溶液にひたした後、葉の色の変化を観察すると、葉Bの緑色の部分だけが変色した。

図1

緑色の部分

ふの部分（白い部分）

図2

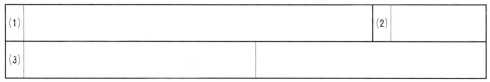

熱湯

エタノール

(1) ③で、葉をエタノールに入れたのはなぜか。簡単に説明せよ。

(2) ④で変色した部分には、何ができているといえるか。

(3) この実験からわかる、光合成が行われるための条件を2つ書け。

(1)		(2)	
(3)			

③ 栄養分の消化と吸収

重要ポイント

① 消化器官と消化酵素

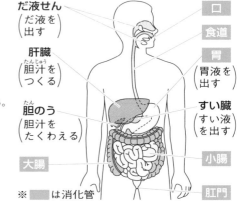

□ **消化**…食物の栄養分を分解して吸収されや

すくするはたらき。

□ **消化管**…口→食道→胃→小腸→**大腸**→**肛門**
　　　　　　　　　　　　└→水分を吸収する。

と続く，食物の通り道。

□ **消化器官**…消化と吸収に関係する器官。
　　　　　　└→消化管のほかに，だ液せんや胆のう，すい臓などもふくむ。

□ **消化液**…だ液，胃液，すい液などがある。

□ **消化酵素**…食物を分解して吸収されやす
　　　　　　　└→消化液にふくまれているものが多い。
い物質に変える物質。

② 栄養分の消化

□ **デンプンの消化**…だ液，すい液，小腸の壁
　　　　　　　　　　└→デンプンは炭水化物の一種
の消化酵素により，ブドウ糖に分解される。
　　　　　　　　　　　└→おもにエネルギー源となる。

・アミラーゼ…**デンプンを分解**する消化酵素。
　　　　　　└→だ液やすい液にふくまれる。

□ **タンパク質の消化**…胃液，すい液，小腸の

壁の消化酵素により，アミノ酸に分解される。
　　　　　　　　　　　　└→おもにからだをつくる原料となる。

・ペプシン・トリプシン…**タンパク質を分解**
　　　　　　　　　└→ペプシンは胃液，トリプシンはすい液にふくまれる。
する消化酵素。

□ **脂肪の消化**…リパーゼや胆汁のはたらきによ
　└→小腸で消化される。
り，脂肪酸とモノグリセリドに分解される。
　　　　　　　　　　└→おもにエネルギー源となる。

・リパーゼ…**脂肪を分解**する消化酵素。
　　　　　└→すい液にふくまれる。

・胆汁…消化酵素はふくまれないが，**脂肪の消化を助ける**。小腸ではたらく。
　　　└→肝臓でつくられ，胆のうにたくわえられる。

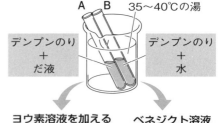

デンプンはだ液により麦芽糖などに
分解された

③ 栄養分の吸収

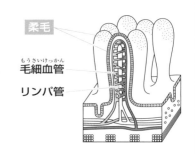

□ **小腸**…小腸の壁にはたくさんのひだがあり，その表
　　　　　　　　　　　└→表面積を広げて，吸収率をよくしている。
面に柔毛という突起がある。栄養分は柔毛で吸収
　　　　　　　└→突起
される。
└→水分はおもに小腸で吸収され，大腸でも吸収される。

・ブドウ糖，アミノ酸，無機物…吸収後，毛細血管
　　　　　　　　　　　└→網の目のようになった細い血管。
に入る。

・脂肪酸とモノグリセリド…吸収後，リンパ管に入る。
　　　　　　　　　　　└→リンパ管に入るときに，再び脂肪になる。

ポイント **一問一答**

① 消化器官と消化酵素

☐ (1) 食物の栄養分を分解して吸収しやすいものにするはたらきを何というか。

☐ (2) 口から食道, 胃, 小腸, 大腸, 肛門と続く, 食物の通り道を何というか。

☐ (3) 次の①～③の消化器官でつくられる消化液は何か。

    ① だ液せん   ② 胃   ③ すい臓

☐ (4) 食物を分解して吸収されやすい物質に変えるものを何というか。

② 栄養分の消化

☐ (1) デンプンが消化されると, 最終的に何になるか。

☐ (2) デンプンが分解されてできた物質が入った水溶液に, ベネジクト溶液を加えて加熱すると, 何ができるか。

☐ (3) タンパク質が消化されると, 最終的に何になるか。

☐ (4) 脂肪が消化されると, 最終的に何と何になるか。

☐ (5) 次の①～④は, 何を分解する消化酵素か。

    ① アミラーゼ   ② ペプシン

    ③ トリプシン   ④ リパーゼ

☐ (6) 胆汁は, 何の消化を助けるはたらきがあるか。

③ 栄養分の吸収

☐ (1) 小腸の壁にあるひだの表面の, 栄養分を吸収する突起を何というか。

☐ (2) 小腸で吸収された次の①～③の物質は, 毛細血管, リンパ管のどちらに入るか。

    ① ブドウ糖   ② アミノ酸   ③ 脂肪酸とモノグリセリド

答

① (1) 消化 (2) 消化管 (3) ① だ液 ② 胃液 ③ すい液 (4) 消化酵素

② (1) ブドウ糖 (2) 赤かっ色の沈殿 (3) アミノ酸 (4) 脂肪酸とモノグリセリド

   (5) ① デンプン ② タンパク質 ③ タンパク質 ④ 脂肪 (6) 脂肪

③ (1) 柔毛 (2) ① 毛細血管 ② 毛細血管 ③ リンパ管

▶答え 別冊p.10

---

1 〈消化器官〉

右の図は，消化器官を示したものである。次の問いに答えなさい。

(1) 図中の**A**〜**F**の消化器官の名前を書け。

A [   ] B [   ]
C [   ] D [   ]
E [   ] F [   ]

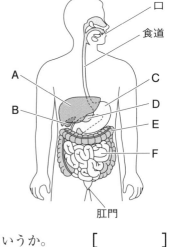

(2) 食物が通っていく順序として正しいものを，次の**ア**〜**エ**から選び，記号で答えよ。　　　　　　　　[　　]

ア　口→食道→A→C→E→F→肛門

イ　口→食道→C→E→F→肛門

ウ　口→食道→C→F→E→肛門

エ　口→食道→C→D→F→E→肛門

(3) だ液や胃液など，食物を消化するはたらきをもつ液を何というか。　　　　[   ]

(4) だ液，胃液，すい液をつくる消化器官の名前を，それぞれ答えよ。

だ液 [   ] 胃液 [   ] すい液 [   ]

(5) 栄養分を吸収する消化器官を，図中の**A**〜**F**から選び，記号で答えよ。　　[   ]

---

2 〈だ液のはたらきを調べる実験〉 ○━重要

下の図のように，試験管**A**〜**D**を35℃の湯に10分間入れた後，**A**と**C**はヨウ素溶液，**B**と**D**はベネジクト溶液を使い，ふくまれているものを調べた。あとの問いに答えなさい。

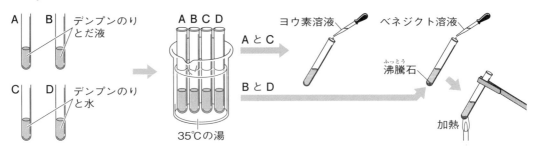

(1) 試験管**A**〜**D**の結果はどうなったか。次の**ア**〜**エ**からそれぞれ選び，記号で答えよ。

A [   ] B [   ] C [   ] D [   ]

ア　変化がなかった。　　　　イ　白くにごった。

ウ　青紫色になった。　　　　エ　赤かっ色の沈殿ができた。

(2) 次の文は，この実験の結果をまとめたものである。①〜③の [　] に適当な語を入れ，
文を完成させよ。　　　　　　　　① [　　　　] ② [　　　　] ③ [　　　　]

　　デンプンのりに [　①　] を加えたときにはデンプンは分解されないが，デンプンの
りに [　②　] を加えたときには，デンプンが分解されて麦芽糖などになり，[　③　]
と反応した。

3 〈栄養分の消化〉 ●重要

右の図は，ヒトの消化器官(きかん)で栄養分が分
解されるようすを模式的に示したもので
ある。次の問いに答えなさい。

(1) デンプンを分解する，だ液中の消化酵(こう)
素(そ)Xは何か。　　　　　　　[　　　　]

(2) タンパク質を分解する，胃液中の消化
酵素Yは何か。　　　　　　　[　　　　]

(3) デンプン，タンパク質が消化されて最
終的にできる物質A，Bは何か。

　　　　　　A [　　　　]
　　　　　　B [　　　　]

(4) 消化されて，脂肪酸(しぼうさん)とモノグリセリドになる物質Cは何か。　　　　[　　　　]

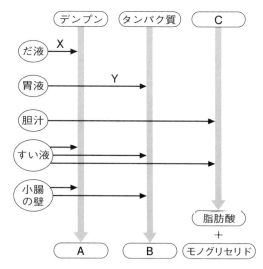

4 〈小腸での吸収〉

右の図は小腸の壁(かべ)のひだを拡大して示したものである。
次の問いに答えなさい。

(1) 図のAの部分を何というか。　　　　　　[　　　　]

(2) 図のAの部分の内部にあるB，Cの管の名前を書け。

　　　　　　B [　　　　] C [　　　　]

⚠ ミス注意 (3) Aで吸収された後，Bの管に入っていく物質を，次の
ア〜エからすべて選び，記号で答えよ。

　　　　　　　　　　　　[　　　　]

ア　脂肪酸　　　イ　アミノ酸　　　ウ　モノグリセリド　　　エ　ブドウ糖

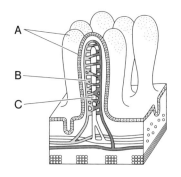

 ヒント

1 (2)(5) 食物は消化管(口→食道→胃→小腸→大腸→肛門(こうもん))を通る間に消化され，小腸で吸収される。
2 CとDは対照実験で，デンプンの分解が水だけでは起きないことを確認するためのもの。
4 (3) 小腸で吸収された栄養分のうち，ブドウ糖とアミノ酸は毛細血管(もうさいけっかん)に入り，脂肪酸とモノグリセリド
は再び脂肪(しぼう)になってリンパ管に入る。

標 準 問 題

▶答え　別冊p.11

1　〈だ液を使った実験①〉 **🔑重要**

次の実験について，あとの問いに答えなさい。

〔実験〕① 試験管**A**，**B**にうすいデンプンのり10cm³を入れてから，**A**にはうすめただ液2cm³，**B**には水2cm³を入れた。

② 右の図のように，2本の試験管を40℃の湯に5分間つけた。

③ 2本の試験管の液について，ヨウ素溶液による反応とベネジクト溶液による反応とを調べて，右の表のような結果を得た。

	A	B
ヨウ素溶液による反応	なし	あり
ベネジクト溶液による反応	あり	なし

(1) ヨウ素溶液による反応があった場合，何があるといえるか。　[　　　　　　]

(2) ベネジクト溶液による反応を調べるときには，ベネジクト溶液を加えた後にどのような操作をするか。簡単に書け。　[　　　　　　]

(3) この実験の結果から，何がわかるか。簡単に書け。

[　　　　　　　　　　　　　　　　　　　　　　　]

2　〈だ液を使った実験②〉 **🏆がつく**

次の実験について，あとの問いに答えなさい。

〔実験〕① 右の図のように，**A**，**B**のセロハンの袋にうすいデンプンのり50cm³を入れ，**A**にはうすめただ液5cm³，**B**には水5cm³を入れた。

② **A**，**B**をビーカーの中の湯にひたして，20分間40℃に保った。その後，**A**，**B**の袋の中と外の液をとり出し，それぞれヨウ素溶液，ベネジクト溶液による反応を調べた。

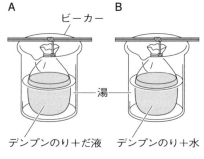

(1) ヨウ素溶液による反応があったものはどれか。次の**ア～エ**からすべて選び，記号で答えよ。　[　　　　　　]

　ア　**A**の袋の中の液　　　　**イ**　**A**の袋の外の液
　ウ　**B**の袋の中の液　　　　**エ**　**B**の袋の外の液

(2) ベネジクト溶液による反応があったものはどれか。(1)の**ア～エ**からすべて選び，記号で答えよ。　[　　　　　　]

(3) 次の①，②の[　　]に適当な語を入れ，下の文を完成させよ。

①[　　　　] ②[　　　　]

　デンプンはセロハンを通ることが[　①　]大きさだが，だ液のはたらきによってできた物質はセロハンを通ることが[　②　]大きさである。

3 〈消化器官と消化〉

右の図は，ヒトの消化に関係するおもな器官を示した模式図である。次の問いに答えなさい。

⚠ミス注意 (1) 次の消化液をつくる消化器官を，図の**A**～**H**から選べ。また，その消化器官の名前も書け。

① だ液　　　　　　記号 [　　] 名前 [　　　　　　]

② 胃液　　　　　　記号 [　　] 名前 [　　　　　　]

③ すい液　　　　　記号 [　　] 名前 [　　　　　　]

④ 胆汁　　　　　　記号 [　　] 名前 [　　　　　　]

(2) だ液にふくまれている消化酵素は何か。次の**ア**～**エ**から選び，記号で答えよ。　　　　　　　　　　[　　　　]

ア トリプシン　　**イ** リパーゼ　　**ウ** アミラーゼ　　**エ** ペプシン

(3) 胃液にふくまれている消化酵素は何か。(2)の**ア**～**エ**から選び，記号で答えよ。　　[　　　]

🏠がつく (4) 次の①～③の栄養分はどの消化酵素によって消化されるか。それぞれについて，(2)の**ア**～**エ**からすべて選び，記号で答えよ。

① デンプン　　　　　　　　　　　　　　　　　　　　　　　　　　　　　　[　　　]

② タンパク質　　　　　　　　　　　　　　　　　　　　　　　　　　　　　[　　　]

③ 脂肪　　　　　　　　　　　　　　　　　　　　　　　　　　　　　　　　[　　　]

4 〈栄養分の吸収〉

右の図は，栄養分を吸収するはたらきがある消化器官の一部を示したものである。次の問いに答えなさい。

(1) 右の図が示している消化器官は何か。

　　　　　　　　　　[　　　　]

(2) この消化器官の壁のひだの表面に多数ある，**X**の突起を何というか。　　[　　　　]

(3) **X**の突起がたくさんあることは，栄養分を吸収するうえで，どのように都合がよいか。

[　　　　　　　　　　　　　　　　　　　　　　　　　　　　　　　　　　　　　]

(4) 脂肪が**X**に吸収されるときには，消化されて何になっているか。　　[　　　　　　]

(5) (4)の物質は，再び脂肪になった後，**A**，**B**のどちらの管に入っていくか。記号で答えよ。

　　　　　　　　　　　　　　　　　　　　　　　　　　　　　　　　　　　[　　　]

(6) **X**に吸収された次の①～③は，**A**，**B**のどちらの管に入っていくか。それぞれ記号で答えよ。

① デンプンが消化されてできた物質　　　　　　　　　　　　　　　　[　　　]

② タンパク質が消化されてできた物質　　　　　　　　　　　　　　　[　　　]

🏠がつく ③ 塩化ナトリウムなどの無機物　　　　　　　　　　　　　　　　　　[　　　]

❹血液とその循環

重要ポイント

① 血液の成分とそのはたらき

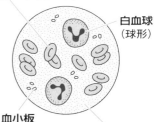

□ **血液の成分**…固形成分である 赤血球（せっけっきゅう）・白血球（はっけっきゅう）・血小板（けっしょうばん），液体成分である血（けっ）しょうからできている。

・赤血球…**酸素を運ぶ。**ヘモグロビン（赤い物質）をもつ。
└肺で酸素とくっつき，全身で酸素をわたす。

・白血球…体内に入ってきた細菌（さいきん）などの異物をとり除く。

・血小板…出血したときに**血液を固まらせる。**

・血しょう…**栄養分**と，二酸化炭素やそのほかの不要
└毛細血管の外では，組織液として酸素も運ぶ。
な物質などを運ぶ。

・組織液（そしきえき）…血しょうが血管の外にしみ出たもので，細胞のまわりを満たしている。血
└リンパ管に入った組織液は，リンパ液という。
管と細胞との間で，物質のやりとりのなかだちをする。
└細胞に酸素や栄養分をわたし，二酸化炭素などの不要な物質を受けとる。

赤血球（円盤形）（えんばん）
白血球（球形）
血小板（不規則な形）
血しょう

② 心臓と血管の種類

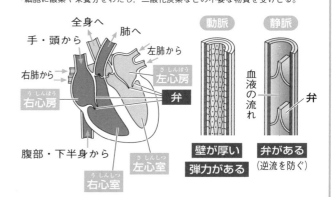

□ **心臓**…全身に血液を送り出す
└厚い筋肉でできている。
ポンプとしてはたらく。心
臓の周期的な収縮（しゅうしゅく）を拍動（はくどう）という。

□ **動脈**（どうみゃく）…心臓から出る血液が通る血管。肺動脈と大動脈がある。

□ **静脈**（じょうみゃく）…心臓へもどる血液が通る血管。肺静脈と大静脈がある。

□ **毛細血管**（もうさいけっかん）…全身で動脈と静脈をつなぐ**細く網の目のような血管。**（あみ）

手・頭から
全身へ
肺へ
右肺から
左肺から
左心房（さしんぼう）
右心房（うしんぼう）
弁
腹部・下半身から
右心室（うしんしつ）
左心室（さしんしつ）

動脈　静脈
血液の流れ
弁
壁が厚い　弁がある（逆流を防ぐ）
弾力がある

③ 血液の循環（じゅんかん）

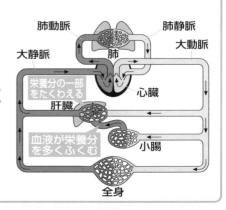

□ **肺循環**（はいじゅんかん）…**心臓→肺→心臓**という血液の道すじ。
└肺で二酸化炭素を出し，酸素を受けとる。

□ **体循環**（たいじゅんかん）…**心臓→全身→心臓**という血液の道すじ。
└全身で酸素をわたし，二酸化炭素を受けとる。

□ **動脈血**（どうみゃくけつ）…**酸素を多くふくむ血液。**大動脈，肺静脈を流れる。

□ **静脈血**（じょうみゃくけつ）…**二酸化炭素を多くふくむ血液。**大静脈，肺動脈を流れる。

肺動脈　肺静脈
大静脈　大動脈
肺
栄養分の一部をたくわえる
心臓
肝臓
血液が栄養分を多くふくむ
小腸
全身

ポイント 一問一答

① 血液の成分とそのはたらき

□ (1) 次の①～④のはたらきがある血液の成分は何か。

① 酸素を運ぶ。

② 体内に入ってきた細菌などの異物をとり除く。

③ 出血したとき，血液を固まらせる。

④ 栄養分と，二酸化炭素やそのほかの不要な物質を運ぶ。

□ (2) 赤血球にふくまれる赤い物質は何か。

□ (3) 血しょうが血管の外にしみ出たものを何というか。

② 心臓と血管の種類

□ (1) 全身に血液を送り出すポンプとしてはたらく器官は何か。

□ (2) 心臓の周期的な収縮を何というか。

□ (3) 心臓から出る血液が通る血管を何というか。

□ (4) 心臓へもどる血液が通る血管を何というか。

□ (5) 次の①，②のような血管は，動脈と静脈のどちらか。

① 血管の壁が厚く，弾力がある。　　② 弁がある。

□ (6) 体内の各部分で動脈と静脈をつなぐ，細く網の目のような血管を何というか。

③ 血液の循環

□ (1) 次の①，②の血液の道すじを何というか。

① 心臓を出て肺を通り，心臓にもどる。

② 心臓を出て全身をめぐり，心臓にもどる。

□ (2) 動脈血に多くふくまれている気体は何か。

□ (3) 静脈血に多くふくまれている気体は何か。

答

① (1) ① 赤血球　② 白血球　③ 血小板　④ 血しょう　(2) ヘモグロビン　(3) 組織液
② (1) 心臓　(2) 拍動　(3) 動脈　(4) 静脈　(5) ① 動脈　② 静脈　(6) 毛細血管
③ (1) ① 肺循環　② 体循環　(2) 酸素　(3) 二酸化炭素

1 〈血液の成分〉
**右の図は，血液の成分を表したものである。次の問いに
答えなさい。**

(1) 図中のA～Dの名前を，次のア～エからそれぞれ選び，
記号で答えよ。　　　A [　　　] B [　　　]
　　　　　　　　　　C [　　　] D [　　　]

ア　赤血球_{せっけっきゅう}　　イ　白血球_{はっけっきゅう}
ウ　血小板_{けっしょうばん}　　エ　血しょう_{けっ}

(2) 図中のA～Dから，固形の成分をすべて選び，記号で答えよ。　　　　　　　[　　　　　]

(3) 次の①～④のはたらきをもつ血液の成分は何か。図中のA～Dからそれぞれ選び，記
号で答えよ。
① 体内に入ってきた細菌_{さいきん}などの異物をとり除く。　　　　　　　[　　　　]
② 栄養分や不要な物質を運ぶ。　　　　　　　　　　　　　　　　　[　　　　]
③ 出血したときに，血液を固まらせる。　　　　　　　　　　　　　[　　　　]
④ 酸素を運ぶ。　　　　　　　　　　　　　　　　　　　　　　　　[　　　　]

(4) 酸素を運ぶはたらきをもつ血液の成分には，何という物質がふくまれているか。
　　　　　　　　　　　　　　　　　　　　　　　　　　　　　　　[　　　　]

2 〈心臓のつくり〉 🔑重要
**右の図は心臓のつくりを表したもので，矢印は血液の
流れる向きを表している。次の問いに答えなさい。**

(1) 心臓のはたらきを，簡単に書け。
[　　　　　　　　　　　　　　　　　　　　　　　　]

(2) 心臓の周期的な収縮_{しゅうしゅく}のことを，何というか。
　　　　　　　　　　　　　　[　　　　　　　]

⚠ミス注意 (3) 図中のA～Dから動脈_{どうみゃく}をすべて選び，記号で答えよ。
　　　　　　　　　　　　　[　　　　　　　]

(4) 体内の各部分で動脈と静脈_{じょうみゃく}をつなぐ，細く網_{あみ}の目の
ような血管を何というか。　　　　　[　　　　]

3 〈血管のつくり〉

右の図のAとBは，心臓から出る血液が通る血管と，心臓へもどる血液が通る血管を表したものである。次の問いに答えなさい。

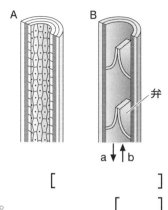

(1) 心臓から出る血液が通るのは，AとBのどちらか。記号で答えよ。 [　]

(2) AとBの名前を書け。

A [　　　] B [　　　]

(3) Bに弁があるのは，何を防ぐためか。 [　　　　　]

(4) Bを流れる血液は，aとbのどちらの向きに流れているか。 [　　　]

4 〈血液の循環〉 ●重要

右の図は，血液の循環を模式的に表したものである。次の問いに答えなさい。

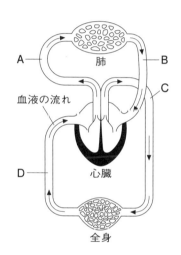

(1) 図のA～Dの血管は何か。次のア～エから1つずつ選び，記号で答えよ。 A [　　] B [　　]
C [　　] D [　　]

ア 大動脈　　イ 肺動脈　　ウ 大静脈　　エ 肺静脈

⚠ミス注意 (2) 図のA～Dの血管を流れている血液は，動脈血か，静脈血か。それぞれ答えよ。

A [　　　] B [　　　]
C [　　　] D [　　　]

(3) 次の①，②の道すじを，それぞれ何というか。

① 心臓を出てAの血管，肺，Bの血管を通り，心臓にもどる。 [　　　　]

② 心臓を出てCの血管，全身，Dの血管を通り，心臓にもどる。 [　　　　]

(4) 体内の各部分の毛細血管で，血管と細胞の間にしみ出して組織液になるものは何か。次のア～エから1つ選び，記号で答えよ。 [　　　　]

ア 赤血球　　　イ 白血球　　　ウ 血小板　　　エ 血しょう

(5) 組織液は体内の各部分で細胞に何をわたしているか。次のア～エからすべて選び，記号で答えよ。 [　　　　]

ア 二酸化炭素　　　イ 栄養分　　　ウ 不要な物質　　　エ 酸素

 ヒント

2 (3) 動脈は心臓から出る血液が通る血管，静脈は心臓へもどる血液が通る血管である。

3 (4) 血液が逆に流れそうになると，弁が閉じるようになっている。

4 (2) 動脈血は酸素を多くふくむ血液で，静脈血は酸素が少なく二酸化炭素を多くふくむ血液である。

1 〈血液の成分〉

次の①～⑤の文について，正しいものには○，まちがっているものには×をつけなさい。

① 血小板には，栄養分や不要な物質を運ぶはたらきがある。　　　　　　[　　　]

② 血しょうには，出血したときに血液を固めるはたらきがある。　　　　　[　　　]

③ 白血球には，体内に入りこんだ細菌をとり除くはたらきがある。　　　　[　　　]

④ 赤血球が赤いのは，赤い物質をふくんでいるからである。　　　　　　　[　　　]

⑤ 血液の成分のうち，固形のものは赤血球と白血球だけである。　　　　　[　　　]

2 〈心臓と血管のつくり〉

右の図は，心臓のつくりを表したものである。次の問いに答えなさい。

(1) 心房が広がると，血液はどうなるか。次の**ア**～**エ**から選び，記号で答えよ。　　　　　　[　　　]

　ア　心臓から血液が流れ出る。

　イ　心臓に血液が流れこむ。

　ウ　心房から心室に血液が流れこむ。

　エ　心室から心房に血液が流れこむ。

(2) 心室が収縮すると，血液はどうなるか。(1)の**ア**～**エ**から選び，記号で答えよ。　　[　　　]

(3) 心室から血液が流れ出るとき，心房と心室の間の弁の開閉のようすはどうなるか。

　　　　　　　　　　　　　　　　　　　　　　　　　　　　　　　　　[　　　]

(4) 図のA～Cの血管の名前を書け。

　　　　　　　　　　　A [　　　　] B [　　　　] C [　　　　]

(5) Bの血管を流れている血液中の酸素は，肺動脈を流れる血液中の酸素より，多いか，少ないか。

　　　　　　　　　　　　　　　　　　　　　　　　　　　　　　　　　[　　　]

(6) 次の文章は，AとCの血管について説明したものである。①～③[　　]に適当な語を入れ，文章を完成させよ。　　①[　　　] ②[　　　] ③[　　　]

　　　AとCを流れる血液をくらべると，Aを流れる血液のほうが[　①　]勢いで流れている。そのため，CよりもAのほうが，血管の壁の厚さが[　②　]，弾力が[　③　]。

(7) 血管の中に弁があるのは，動脈と静脈のどちらか。　　　　　　　　　[　　　]

(8) (7)の血管の中に弁があることは，何のために役立っているか。簡単に書け。

　[　　　　　　　　　　　　　　　　　　　　　　　　　　　　　　　　　]

3 〈血流の観察〉
次の観察について，あとの問いに答えなさい。

〔観察〕① 図1のように，ヒメダカと少量の水をチャックつきのポリエチレン袋に入れ，チャックをしめた。

② ヒメダカのからだの一部を顕微鏡で観察したところ，図2のように，毛細血管の中を多数の**A**の粒が動くのが見えた。

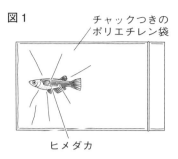

図1
チャックつきの
ポリエチレン袋
ヒメダカ

(1) ②の下線の部分はどこが適しているか。次の**ア**〜**エ**から選び，記号で答えよ。　[　　　]

　ア 口の先端　　**イ** 目の周辺
　ウ 腹の周辺　　**エ** 尾びれの先端

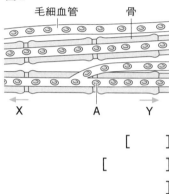

図2
毛細血管　　　　骨
X　　　　A　　　　Y

(2) 図2の毛細血管のまわりでは，血しょうがしみ出した液が物質のやりとりのなかだちをしている。この液を何というか。　[　　　]

(3) 図2の**A**の粒は**Y**の向きに動いていた。毛細血管が動脈につながっているのは，**X**と**Y**のどちらの矢印の先か。　[　　　]

(4) 図2の毛細血管の中を動く**A**の粒は何か。　[　　　]

(5) **A**の粒のはたらきは何か。簡単に書け。　[　　　]

(6) (5)のはたらきを行っているのは，**A**の粒にふくまれる何という物質か。　[　　　]

4 〈血液の循環〉 🔑重要
右の図は，血液が全身をめぐるようすを模式的に表したものである。次の問いに答えなさい。

(1) 図中の**C**〜**F**から，動脈をすべて選び，記号で答えよ。　[　　　]

⚠ミス注意 (2) 図中の**C**〜**F**から，動脈血が流れている血管をすべて選び，記号で答えよ。　[　　　]

(3) 食事をした後に，栄養分を最も多くふくむ血液が流れている部分はどこか。図中の**A**〜**L**から選び，記号で答えよ。　[　　　]

(4) 栄養分を，血液から受けとって，たくわえるはたらきのある器官は何か。　[　　　]

(5) 血液が図中の**L**から**K**へと流れると，次の①〜③の量はどうなるか。

　① 酸素　　　　　　　　　[　　　]

　② 二酸化炭素　　　　　　[　　　]

　③ 栄養分　　　　　　　　[　　　]

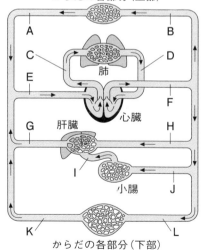

からだの各部分（上部）
A　　　　　　　B
C　　　　　　　D
肺
E　　　　　　　F
心臓
G　　　　　　H
肝臓
I
小腸
J
K　　　　　　　L
からだの各部分（下部）

実力アップ問題

1 次の実験について、あとの問いに答えなさい。　〈3点×5〉

〔実験〕① 4本の試験管**A**〜**D**に、デンプンのりを少量ずつとった。

② **A**と**C**の試験管には水、**B**と**D**の試験管にはうすめただ液を入れてよく混ぜた。

③ 4本の試験管を、だ液のはたらきが大きくなるようなある温度の湯に10分間つけた。

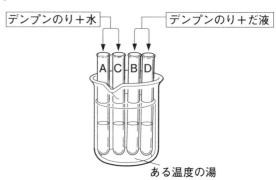

ある温度の湯

④ **A**と**B**の試験管にはヨウ素溶液を加えて、反応があるかを調べた。

⑤ **C**と**D**の試験管にはベネジクト溶液を加え、沸騰石を入れてから加熱し、反応があるかを調べた。

(1) ③のある温度の湯とは約何℃か。次の**ア**〜**エ**から最も適当なものを選び、記号で答えよ。

ア 20℃　　**イ** 40℃　　**ウ** 60℃　　**エ** 80℃

(2) 次の①、②のようになった試験管を、**A**〜**D**からそれぞれ選び、記号で答えよ。

① 赤かっ色の沈殿ができた。

② 青紫色になった。

(3) だ液のはたらきによって、デンプンが他の物質に変わったことを確かめるには、どの試験管を比べるべきか。試験管**A**〜**D**から2つ選びなさい。

(4) この実験から、だ液にはどのようなはたらきがあるといえるか。次の**ア**〜**エ**から選び、記号で答えよ。

ア デンプンを分解して脂肪酸とモノグリセリドにする。

イ デンプンを分解して、アミノ酸が何分子か結びついたものにする。

ウ デンプンを分解して、麦芽糖などにする。

エ ブドウ糖を分解して、デンプンにする。

(1)		(2)①	②	(3)			(4)

2 次の図は、ヒトの消化に関係するおもな器官を模式的に示したものである。次の問いに答えなさい。　〈2点×10〉

(1) 図中の**B**、**E**の器官を、それぞれ何というか。

(2) だ液をつくる消化器官を、図中の**A**〜**G**から選び、記号で答えよ。

(3) だ液にふくまれている消化酵素を何というか。

(4) 図中のDでつくられる消化液を何というか。

(5) (4)の消化液は，何を分解する消化酵素をふくんでいるか。次のア〜エから選び，記号で答えよ。

　ア　デンプン　　　イ　タンパク質
　ウ　脂肪(しぼう)　　　　エ　無機物

(6) 消化されて小さな分子になった栄養分を吸収する消化器官を，図中のA〜Gから選び，記号と消化器官の名前を答えよ。

(7) 次の①，②の栄養分が吸収されるときには，それぞれ消化されて何になっているか。ただし，2種類以上の物質になる場合は，すべて書け。

　① タンパク質

　② 脂肪

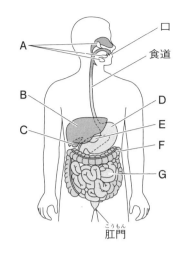

(1)	B		E		(2)		(3)		
(4)			(5)		(6)	記号		名前	
(7)	①					②			

3 右の図は，血液の成分を表したものである。次の問いに答えなさい。　　〈3点×6〉

(1) ヘモグロビンをふくむ血液の成分はどれか。図中のA〜Dから選び，記号と名前を答えよ。

(2) ヘモグロビンの性質は何か。簡単に書きなさい。

(3) 二酸化炭素を運ぶ血液の成分はどれか。図中のA〜Dから選び，記号で答えよ。

(4) 出血したときに，血液を固まらせる血液の成分は何か。図中のA〜Dから選び，記号で答えよ。

(5) 血液の液体成分であるCの一部は，血管の外にしみ出して，細胞のまわりを満たしている。血管の外にしみ出した液体を何というか。

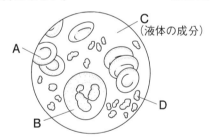

(1)	記号		名前			
(2)						
(3)		(4)		(5)		

4 右の図は心臓のつくりを示したものである。次の問いに答えなさい。　〈3点×4〉

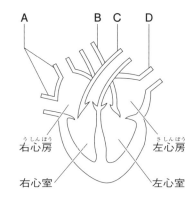

(1) 肺動脈を図中のA～Dから選び，記号で答えよ。

(2) 静脈血が流れている血管を，図中のA～Dからすべて選び，記号で答えよ。

(3) 血液が肺や全身に送り出されるとき，左心室と右心室は広がるか，収縮するか。

(4) 血液が心臓から全身に送り出され，再び心臓にもどる道すじを何というか。

(1)		(2)		(3)		(4)	

---

5 図1は，デンプン，タンパク質，脂肪が消化液によって，消化される過程を模式的に表したものである。次の問いに答えなさい。　〈3点×7〉

図1

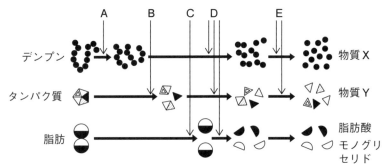

(1) 消化液にふくまれている，食物の栄養分を分解するはたらきをもつ物質を何というか。書きなさい。

(2) デンプンを分解して最終的にできる物質X，タンパク質を分解して最終的にできる物質Yを何というか。それぞれ書きなさい。

(3) 脂肪の分解に関わる消化液Cは，何という器官でつくられているか。

(4) デンプン，タンパク質，脂肪の消化に関係している消化液Dを何というか。

(5) 消化によって分解された養分は小腸の壁から体内に吸収される。小腸の壁に見られる図2のようなつくりを何というか。

図2

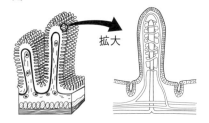

拡大

(6) 図2のつくりのうち，リンパ管に入っていく養分はどれか。次のア～エからすべて選び，記号で答えなさい。

ア　物質X　　イ　物質Y　　ウ　脂肪酸　　エ　モノグリセリド

(1)		(2)	X	Y	(3)	
(4)		(5)		(6)		

6 次の実験について，あとの問いに答えなさい。　　　　　　　　　　　　〈3点×2〉

〔実験〕① 右の図のように，デンプン
　溶液と水でうすめただ液を入れたセ
　ロハンの袋Aと，デンプン溶液と水
　を入れたセロハンの袋Bを，35℃
　の湯が入ったビーカーP，Qに入れた。

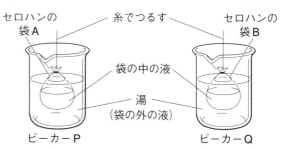

② 10分後に，セロハンの袋A，Bの
　中の液と外の液をそれぞれ2本の試
　験管に少量ずつとり，1本の試験管にはヨウ素溶液を加え，もう1本の試験管にはベネジク
　ト溶液を加えて加熱した。下の表はその結果である。

	セロハンの袋A		セロハンの袋B	
	中の液の色	外の液の色	中の液の色	外の液の色
ヨウ素溶液	変化しなかった	変化しなかった	変化した	変化しなかった
ベネジクト溶液	変化した	変化した	変化しなかった	変化しなかった

(1) ②で，ベネジクト溶液を加えたセロハンの袋Aの中と外の液は，何色に変色したか。次のア
　～エから選び，記号で答えよ。

　　ア　青紫色　　　イ　黒色　　　ウ　赤かっ色　　　エ　白色

(2) この実験から分かることとして正しいものはどれか。次のア～エから選び，記号で答えよ。

　　ア　デンプンのつぶは，セロハンの袋を通りぬけることができる。

　　イ　デンプンは，デンプンより小さな別の物質に分解された。

　　ウ　だ液にふくまれる物質は，35℃くらいの温度でよくはたらく。

　　エ　デンプンは，ヨウ素溶液に反応しない。

(1)		(2)	

7 右の図は，血液の循環を模式的に表したものである。次の
問いに答えなさい。　　　　　　　　　　　　〈2点×4〉

(1) 心臓の壁が最も厚いところはどこか。図中のA～Dから選び，記
　号で答えよ。

(2) 心臓の弁にはどのような役割があるか。簡単に書け。

(3) 次の①，②にあてはまる血管を，図中のa～dからすべて選び，
　それぞれ記号で答えよ。

　　① 動脈

　　② 動脈血が流れる血管

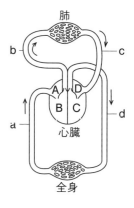

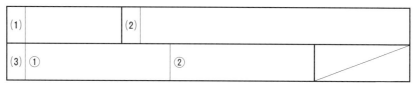

⑤呼吸と排出

重要ポイント

① 呼吸

☐ **呼吸**…空気を吸いこんで酸素をとり入れ，二酸化炭素をふくむ空気をはき出す。

☐ **肺の呼吸**…鼻や口→気管→気管支→
　└肺(による)呼吸。外呼吸ともよばれる。
　肺(肺胞)と空気が入り，気体を交換する。

・気管…鼻や口と肺をつなぐ管。

・気管支…気管が枝分かれしたもの。

・肺胞…気管支の先にある，肺の中のた
　くさんの小さな袋。毛細血管と肺胞の
　└表面積を大きくして，気体の交換を効率的にしている。
　中の空気との間で，気体が交換される。
　└肺には筋肉がなく，自らは動かない。

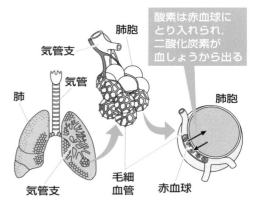

酸素は赤血球にとり入れられ，二酸化炭素が血しょうから出る

肺胞／気管支／気管／肺／毛細血管／赤血球

☐ **呼吸のしくみ**

①息を吸うとき…横隔膜が下が
　　　　　　　└筋肉の一種
　るとともにろっ骨が上がり，
　胸腔が広がって肺がふくらむ。
　└肺のまわりの横隔膜とろっ骨で囲まれた空間
②息をはくとき…横隔膜が上が
　るとともにろっ骨が下がり，
　胸腔がせまくなって肺から空
　気がおし出される。
　　　　　└細胞(による)呼吸。内呼吸ともよばれる。

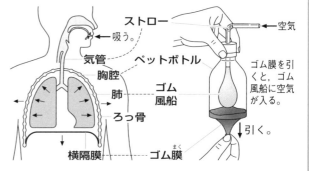

ストロー／空気／吸う／気管／ペットボトル／胸腔／肺／ゴム風船／ろっ骨／横隔膜／ゴム膜

ゴム膜を引くと，ゴム風船に空気が入る。
引く。

☐ **細胞の呼吸**…細胞が，酸素を
　　　　　　　　　└血液によって肺から運ばれる。
　使って栄養分を水と二酸化炭素に分解し，生きるためのエネルギーをとり出すはた
　　　　　　└おもにブドウ糖と脂肪。血液によって小腸や肝臓から運ばれる。
　らき。発生した二酸化炭素は不要なので，血液中に出す。

② 排出

☐ **排出**…細胞の活動によってできた**不要な物質を体外に出すは
　たらき**。細胞が出した不要な物質などは，血しょうに溶け
　て運ばれ，肺やじん臓に運ばれて排出される。

・二酸化炭素…**肺**に運ばれ，呼吸によって体外に出される。

・**アンモニア**…有害なので，肝臓に運ばれ，害の少ない尿素
　　　　└タンパク質を分解するときにできる。
　に変えられる。尿素はじん臓に運ばれて排出される。
　　　　　　　　　　　　└尿素は血しょうに溶けて運ばれる。

☐ **じん臓**…血液から尿素などの不要な物質をこしとり，尿をつ
　血球以外がこし出され，ブドウ糖やアミノ酸，大部分の水が再び吸収されて，残りが尿になる。
　くる。血液中の塩分濃度や水分の量を保つはたらきもある。

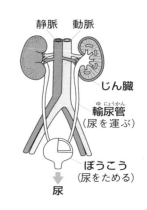

静脈／動脈／じん臓／輸尿管(尿を運ぶ)／ぼうこう(尿をためる)／尿

●肺胞では，酸素が毛細血管中の血液にとりこまれ，二酸化炭素が血液から肺胞中に**出**される。
●細胞の活動によってできた不要な物質のうち，二酸化炭素は肺で排出される。また，アンモニアは肝臓で尿素に変えられた後，じん臓でこしとられて尿として排出される。

ポイント 一問一答

① 呼吸

□ (1) 鼻や口から空気を吸いこんで肺で酸素をとり入れ，肺から排出される二酸化炭素をふくんだ空気をはき出すことを何というか。

□ (2) 鼻や口と肺をつなぐ管を何というか。

□ (3) 気管が枝分かれしたものを何というか。

□ (4) 肺の中にある，多くの小さな袋を何というか。

□ (5) (4)の中の空気中から血液中にとり入れられる気体は何か。

□ (6) 血液中から(4)の中の空気中に放出される気体は何か。

□ (7) 肺をふくらませたり，もとの大きさにもどしたりするために上下させているのは，肺の下部にある何という筋肉か。

□ (8) 細胞が酸素を使って栄養分を水と二酸化炭素に分解し，生きるためのエネルギーをとり出すはたらきを何というか。

② 排出

□ (1) 細胞の活動によってできた不要な物質を体外に出すはたらきを何というか。

□ (2) 二酸化炭素は，何という器官から排出されるか。

□ (3) タンパク質が分解されてできた有害なアンモニアを害の少ない物質に変えるのは，何という器官か。

□ (4) (3)の器官で，アンモニアは何という物質に変えられるか。

□ (5) 血液中の尿素をこしとって尿をつくる器官を何というか。

□ (6) (5)の器官でつくられた尿を運ぶ管を何というか。

□ (7) (5)の器官でつくられた尿を排出する前にためる部分を何というか。

---

① (1) 肺の呼吸(肺呼吸，肺による呼吸，外呼吸)　(2) 気管　(3) 気管支　(4) 肺胞

(5) 酸素　(6) 二酸化炭素　(7) 横隔膜

(8) 細胞の呼吸(細胞呼吸，細胞による呼吸，内呼吸)

② (1) 排出　(2) 肺　(3) 肝臓　(4) 尿素　(5) じん臓　(6) 輸尿管　(7) ぼうこう

基 礎 問 題

▶答え　別冊p.14

1 〈肺の呼吸〉 **重要**

右の図は，肺のつくりを示
したものである。次の問い
に答えなさい。

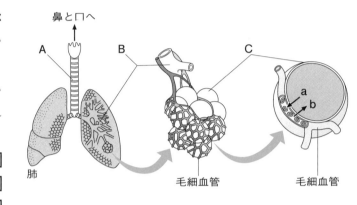

(1) 図のA～Cの部分を何とい
うか。次のア～ウからそれ
ぞれ選び，記号で答えよ。

A [　　　　]
B [　　　　]
C [　　　　]

ア　肺胞（はいほう）　　イ　気管（きかん）　　ウ　気管支（きかんし）

⚠ ミス注意 (2) Cの中の空気と毛細血管（もうさいけっかん）の間でやりとりされる，aとbの気体は何か。

a [　　　　]　　b [　　　　]

(3) aの気体を運ぶ血液の成分は何か。次のア～エから選び，記号で答えよ。　　[　　　　]

ア　赤血球（せっけっきゅう）　　イ　白血球（はっけっきゅう）　　ウ　血小板（けっしょうばん）　　エ　血（けっ）しょう

(4) bの気体を運ぶ血液の成分は何か。(3)のア～エから選び，記号で答えよ。　　[　　　　]

2 〈細胞（さいぼう）の呼吸〉

右の図は，細胞の呼吸を示したものである。次の問いに
答えなさい。

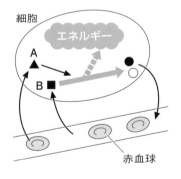

(1) 赤血球によって運ばれてきて，組織液（そしきえき）をなかだちとして
細胞にわたされる，Aの物質は何か。物質の名前を書け。

[　　　　　]

(2) 細胞がエネルギーを得るために，Aの物質を使って分解
するBの物質は何か。次のア～エから1つ選び，記号で
答えよ。　　[　　　]

ア　水　　イ　ブドウ糖　　ウ　血液　　エ　カルシウム

(3) (2)の分解の結果できる物質は何か。次のア～エから2つ選び，記号で答えよ。

[　　　] [　　　]

ア　二酸化炭素　　イ　酸素　　ウ　水　　エ　塩化ナトリウム

3 〈不要な物質の移動〉
右の図は，おもな内臓を示したものである。次の問い
に答えなさい。

(1) 細胞の活動の結果できた二酸化炭素を体外に出す器官
はどれか。図中の**A**～**E**から選び，記号で答えよ。
[   ]

(2) 細胞の活動の結果できたアンモニアは，どこに運ばれ
てから害の少ない物質に変えられるか。図中の**A**～**E**
から選び，記号で答えよ。 [   ]

(3) (2)の器官で，アンモニアは何に変えられるか。
[   ]

(4) (3)の物質やアンモニアを運ぶはたらきのある血液の成分は何か。 [   ]

(5) 全身でできた不要な物質を，体外に出すはたらきを何というか。 [   ]

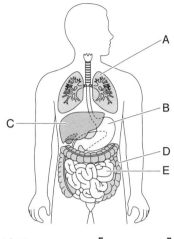

4 〈じん臓〉 **重要**
右の図は，排出に関係する器官を示したものである。次の
問いに答えなさい。

(1) 図中の**A**～**C**は何か。次の**ア**～**エ**からそれぞれ選び，記号
で答えよ。 A[   ] B[   ] C[   ]
ア ぼうこう **イ** じん臓 **ウ** 血管 **エ** 輸尿管

(2) **A**～**C**のはたらきは何か。次の**ア**～**エ**からそれぞれ選び，
記号で答えよ。
A[   ] B[   ] C[   ]
ア 尿を一時的にためる。 **イ** 血液中から不要な物質をとり除き，尿をつくる。
ウ 尿を運ぶ。 **エ** 血液中の有害な物質を無害な物質に変える。

(3) **A**につながる動脈と静脈を流れる血液中の尿素の量は，どうなっているか。次の**ア**～
ウから選び，記号で答えよ。 [   ]
ア 血液中の尿素の量は変化しない。
イ 動脈を流れる血液中の尿素のほうが多い。
ウ 静脈を流れる血液中の尿素のほうが多い。

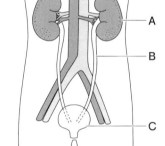
静脈 動脈

ヒント

1 (3)(4) 血液が運ぶもののうち，酸素だけは赤血球が運び，それ以外は血しょうが運ぶ。

4 (3) 血液は，動脈から**A**に流れてから，静脈へと流れていく。尿素は，血液が**A**を通るときにこしとられ，
排出される。

1 〈肺での呼吸〉　●重要

右の図は，肺の一部を示したものである。次の問いに
答えなさい。

(1) 気管支の先についている，Aの袋を何というか。

[　　　　　]

(2) Aの袋がたくさんあることは，何に役立っているか。
簡単に書け。

[　　　　　　　　　　　　　　　　　]

A
肺動脈
気管支
肺静脈
毛細血管

(3) 次の①，②の気体を多くふくむのは，それぞれ鼻や口から吸う息とはく息のどちらか。

① 酸素 [　　　　　]

② 二酸化炭素 [　　　　　]

⚠ミス注意 (4) 次の①，②の気体を多くふくむ血液が流れているのは，それぞれ肺動脈と肺静脈のどちらか。

① 酸素 [　　　　　]

② 二酸化炭素 [　　　　　]

2 〈呼吸のしくみ〉　差がつく

肺がふくらんだり縮んだりするようすを調
べるために，右の図のようなモデル実験を
行った。次の問いに答えなさい。

(1) 次の①，②に見立てているのは，それぞれ
実験装置の何か。

① 肺 [　　　　　]

② 横隔膜 [　　　　　]

(2) 息を吸うときと同じようになっているのは，
図中のAとBのどちらか。　[　　　]

A
B
ストロー
ペットボトル
ゴム風船
ゴム膜
引く。↓

(3) 次の文章は，息をはくときの体内のようす
を説明したものである。①～③の[　]に適当な語を入れ，文章を完成させよ。

① [　　　　] ② [　　　　] ③ [　　　　]

　横隔膜が[　①　]とともに，ろっ骨が[　②　]と，胸腔(肺のまわりの空間)が[　③　]な
るので，肺がもとの大きさにもどる。その結果，息が肺からはき出される。

3 〈全身の物質の移動〉

右の図は，血液の循環(じゅんかん)を示したものである。
次の問いに答えなさい。

(1) 次の①〜④の血液が流れている部分を，図中
のA〜Lからそれぞれ選び，記号で答えよ。

① 血液中の酸素が最も多い血液　[　　　]

② 血液中の二酸化炭素が最も少ない血液

[　　　]

③ 血液中のアンモニアが最も少ない血液

[　　　]

④ 血液中の尿素(にょうそ)が最も少ない血液　[　　　]

(2) 血液がLからKの部分に流れるとき，血液が
細胞(さいぼう)にわたす物質は何か。次のア〜エからすべて選び，記号で答えよ。　　[　　　　]

ア　酸素　　　イ　二酸化炭素　　　ウ　ブドウ糖　　　エ　アンモニア

(3) (2)の物質は，細胞が何をするために使われるか。次のア〜エからすべて選び，記号で答えよ。

[　　　　]

ア　食物の栄養分を消化する。

イ　成長するために必要な物質をつくる。

ウ　栄養分をつくる。

エ　生きるために必要なエネルギーをとり出す。

(4) 血液がLからKの部分に流れるとき，細胞が血液にわたす物質は何か。(2)のア〜エからすべ
て選び，記号で答えよ。　　　　　　　　　　　　　　　　　　　　　　　[　　　　]

(5) 肝臓のはたらきとして正しいものを，次のア〜カからすべて選び，記号で答えよ。

[　　　　]

ア　小腸で吸収された栄養分の一部をたくわえる。　　イ　尿素をアンモニアに変える。

ウ　有害な物質を無害な物質に変える。　　　　　　　エ　胆汁(たんじゅう)をつくる。

オ　二酸化炭素を排出する。　　　　　　　　　　　　カ　アンモニアを排出する。

(6) じん臓や尿(にょう)についての説明として正しいものを，次のア〜カからすべて選び，記号で答えよ。

[　　　　]

ア　じん臓には血液中の塩分濃度や水分の量を一定に保つはたらきがある。

イ　じん臓では尿素がつくられている。

ウ　じん臓では尿がつくられている。

エ　血液中の二酸化炭素は，おもに尿にふくまれて排出(はいしゅつ)される。

オ　尿が体外に出されるときには，ブドウ糖やアミノ酸などの栄養分もふくまれている。

カ　じん臓の中では，ブドウ糖やアミノ酸はいったんこし出されるが，再び吸収されて，血
液中にもどる。

❻刺激の伝わり方と運動のしくみ

重要ポイント

① 刺激を受けとるしくみ

□ **感覚器官**…外界の刺激を受けと
るための特別な器官。**目・耳・**
└鼻はにおい, 舌は味, 皮ふは圧力や温度を受けとる。┐
目は光, 耳は音を受けとる。
鼻・舌・皮ふなどがある。

□ **感覚細胞**…決まった刺激を受け
とる特別な細胞。

□ **感覚神経と運動神経**…感覚器

官で受けとった刺激の信号を, 感覚神経が脳やせき

ずいに伝える。脳やせきずいがどのように反応する

かの命令を出すと, 運動神経がその信号を筋肉など

の運動器官に伝える。

□ **神経系**…感覚神経, 運動神経, 脳, せきずいなどを
あわせたもの。中枢神経と末しょう神経からなる。

・中枢神経…脳とせきずい。刺激に対してどのように
└背骨の中にあり, 背骨で守られている。
反応するかの命令を出す。

・末しょう神経…**感覚神経や運動神経**など。中枢神経
から枝分かれをして, 全身にいきわたる。

□ **信号の伝わり方(意識的)**…感覚器官→感覚神経→せきずい→脳→せきずい→運動神経→運動器官
└目などの神経は直接脳につながる。

□ **反射(無意識)**…刺激に対して無意識に起こる反応。
└信号の伝わる時間が短く, 危険からだを守るのに役立っている。
感覚器官→感覚神経→せきずい→運動神経→運動器官

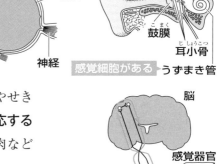

目に入る光
の量を調節
感覚細胞
がある
虹彩（こうさい）
レンズ
（水晶体）
網膜（もうまく）
神経
神経

神経
鼓膜（こまく）
耳小骨（じしょうこつ）
感覚細胞がある うずまき管

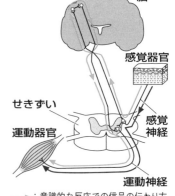

脳
感覚器官
せきずい
運動器官
感覚神経
運動神経

→ : 意識的な反応での信号の伝わり方
→ : 反射での信号の伝わり方

② 運動のしくみ

□ **骨格**…多くの骨が組み合わさった, から
だを支えるじょうぶな構造。内臓や脳
└体内にあるので, 内骨格ともいう。
などの神経を保護する役目もある。

□ **関節**…骨と骨のつなぎ目。関節によって,
動き方が決まっている。

□ **筋肉**…縮んだりゆるんだりすることで,
└胃や腸, 心臓にもある。
からだの各部分を動かす。筋肉と骨は
じょうぶなけんでつながっている。
└筋肉は関節をまたいで骨とつながっている。

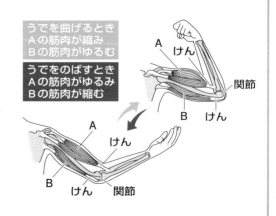

うでを曲げるとき
Aの筋肉が縮み
Bの筋肉がゆるむ

うでをのばすとき
Aの筋肉がゆるみ
Bの筋肉が縮む

A
けん
関節
B
けん
けん
A
関節
B
けん

テストでは ココ が ねらわれる

●意識的な反応では，感覚器官→感覚神経→せきずい→脳→せきずい→運動神経→運動器官，
反射では，感覚器官→感覚神経→せきずい→運動神経→運動器官　と信号が伝わる。
●筋肉の両端につながっているけんは，関節をまたいで骨についている。

ポイント 一問一答

① 刺激を受けとるしくみ

- □ (1) 目や耳などの，外界の刺激を受けとるための特別な器官を何というか。
- □ (2) 目が受けとる外界の刺激は何か。
- □ (3) 耳が受けとる外界の刺激は何か。
- □ (4) 皮ふが受けとる外界の刺激は何か。
- □ (5) 舌が受けとる外界の刺激は何か。
- □ (6) 感覚細胞があるのは，目では何という部分か。
- □ (7) 感覚細胞があるのは，耳では何という部分か。
- □ (8) 感覚器官で受けとった刺激の信号を，脳やせきずいに伝えるのは，何という神経か。
- □ (9) 脳やせきずいから出た命令の信号を筋肉などに伝えるのは，何という神経か。
- □ (10) 感覚神経，運動神経，脳，せきずいをあわせて，何というか。
- □ (11) (10)のうち，脳とせきずいをあわせた部分を何というか。
- □ (12) (10)のうち，感覚神経と運動神経などをあわせた部分を何というか。
- □ (13) 刺激に対して無意識に起こる反応を何というか。
- □ (14) 意識的な反応では，刺激に対する反応の命令を出している器官は何か。
- □ (15) 熱いものにふれて，思わず手を引っこめるように，刺激に対して無意識に起こる
  反応では，刺激に対する反応の命令を出している器官は何か。

② 運動のしくみ

- □ (1) 多くの骨が組み合わさった，からだを支えるじょうぶな構造を何というか。
- □ (2) 骨と骨のつなぎ目の部分を何というか。
- □ (3) 縮んだりゆるんだりすることで，からだを動かすはたらきをもつものを何というか。
- □ (4) 筋肉と骨は，何によってつながっているか。

答
① (1) 感覚器官　(2) 光　(3) 音　(4) 圧力や温度，痛み　(5) 味　(6) 網膜　(7) うずまき管
(8) 感覚神経　(9) 運動神経　(10) 神経系　(11) 中枢神経　(12) 末しょう神経　(13) 反射　(14) 脳
(15) せきずい
② (1) 骨格　(2) 関節　(3) 筋肉　(4) けん

基 礎 問 題

▶答え　別冊 p.15

1　〈目と耳のつくり〉

図1はヒトの目，図2はヒトの耳のつくりを示したものである。次の問いに答えなさい。

(1) 図中の**A～F**の部分の名前を書け。

A [　　　　]　B [　　　　]　C [　　　　]
D [　　　　]　E [　　　　]　F [　　　　]

(2) 目が受けとる外界の刺激を，次の**ア～カ**から選び，記号で答えよ。　　　　　　　　　　　　[　　　]

ア 音　　**イ** 圧力　　**ウ** におい

エ 味　　**オ** 温度　　**カ** 光

(3) 次の①，②の部分はどこか。**図1**の**A～C**からそれぞれ選び，記号で答えよ。

① 目に入る(2)の刺激の量を調節する部分　　　　　[　　　]

② 目に入った(2)の刺激を受けとる感覚細胞がある部分　　[　　　]

(4) 耳が受けとる外界の刺激を，(2)の**ア～カ**から選び，記号で答えよ。　　[　　　]

⚠ミス注意 (5) 耳に入った(4)の刺激を受けとる感覚細胞がある部分はどこか。**図2**の**D～F**から選び，記号で答えよ。　　　　　　　　　　　　　　　　　　　　[　　　]

(6) 目や耳のような，外界からの刺激を受けとるための特別な器官を，何というか。

[　　　　　]

図1

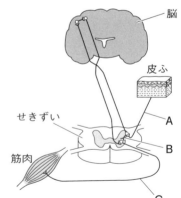
神経

図2

神経

D
E
F

2　〈刺激の伝わり方〉　🔑重要

右の図は，皮ふと筋肉，それらをつなぐ神経系を模式的に示したものである。次の問いに答えなさい。

(1) 次の①～④の部分の神経を何というか。下の**ア～エ**からそれぞれ選び，記号で答えよ。

① せきずいと脳をあわせた部分　　　　[　　　]

② **A**の部分　　　　　　　　　　　　[　　　]

③ **C**の部分　　　　　　　　　　　　[　　　]

④ **A**と**C**をあわせた部分　　　　　　[　　　]

ア 運動神経　　　**イ** 末しょう神経
ウ 感覚神経　　　**エ** 中枢神経

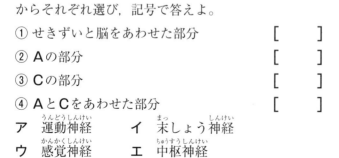

脳

皮ふ

せきずい

A

B

筋肉

C

(2) 運動をしたら暑くなってきたので，上着をぬいだ。このとき，神経系を信号が伝わる
道すじはどうなっているか。次のア～エから選び，記号で答えよ。　　　[　　　]

ア　A→せきずい→脳→せきずい→C　　　イ　A→B→C

ウ　C→せきずい→脳→せきずい→A　　　エ　C→B→A

(3) コップにさわったらとても熱かったので，思わず手を引いた。このとき，神経系を信
号が伝わる道すじはどうなっているか。(2)のア～エから選び，記号で答えよ。[　　　]

(4) (3)のように，刺激に対して無意識に起こる反応を何というか。　　　　　[　　　]

(5) (3)の反応は，意識して反応する場合とくらべると，反応するまでの時間がどうなって
いるか。　　　　　　　　　　　　　　　　　　　　　　　　　[　　　]

3 〈運動のしくみ〉
右の図は，ヒトのうでの骨格と筋肉を示したもので
ある。次の問いに答えなさい。

(1) 筋肉と骨をつなぐ，Aの部分を何というか。
　　　　　　　　　　　　　　　[　　　　]

(2) 骨と骨のつなぎ目の，Bの部分を何というか。
　　　　　　　　　　　　　　　[　　　　]

(3) のばした状態のうでを，図のように曲げるとき，
aとbの筋肉はそれぞれどうなるか。

aの筋肉 [　　　　] bの筋肉 [　　　　]

(4) 図のように曲げた状態のうでをのばすとき，aとbの筋肉はそれぞれどうなるか。

aの筋肉 [　　　　] bの筋肉 [　　　　]

⚠ミス注意 (5) 骨格のはたらきを，次のア～エからすべて選び，記号で答えよ。

[　　　　]

ア　肺や心臓などの内臓を保護する。

イ　からだを支える。

ウ　縮んだりゆるんだりしてからだを動かす。

エ　脳などの神経を守る。

💡ヒント

1 (5) 空気の振動が鼓膜→耳小骨→うずまき管と伝わって刺激の信号になり，その信号が神経を通って脳
に伝わる。

2 (2) 意識して動く場合には，脳でどのように動くかの命令を出している。

(5) 信号が通る道すじが長ければ，それだけ信号が伝わるのにかかる時間も長くなる。

3 (3)(4) 骨についた一対の筋肉の一方が縮み，もう一方がゆるむことで，うで全体が動く。

1 〈メダカの感覚器官〉

次の実験について，あとの問いに答えなさい。

〔実験〕① 丸形水槽に水を入れ，数匹のメダカを入れてから，しばらくおいた。

② 図1のように，水を棒でかき回して，ゆるやかな水の流れをつくると，ほとんどのメダカは，水の流れに逆らう向きに泳いだ。

③ ②の後しばらくたってから，図2のように，縦じま模様の紙を水槽のまわりでゆっくり回すと，ほとんどのメダカは，縦じま模様の回転と同じ向きと速さで泳いだ。

図1

図2

(1) ②，③では，メダカは何を外界の刺激として受けとっているか。次のア～エからそれぞれ選び，記号で答えよ。

② [　　　]　③ [　　　]

ア 音　　イ 光　　ウ 水の温度　　エ 水の流れ

(2) ②，③の結果から，メダカの水中での動きについて，どのような規則性があることがわかるか。簡単に書け。

[　　　　　　　　　　　　　　　　　　　　　　　　　　　　　　　　　]

2 〈反応時間を調べる実験〉 ●重要

次の実験について，あとの問いに答えなさい。

〔実験〕① 右の図のように，8人で手をつないだ。

② 最初の人がストップウォッチをおすと同時に，となりの人の手をにぎった。手をにぎられた人は，さらにとなりの人の手をにぎる，ということを順に続けていった。

③ 最初の人は手をにぎられたらストップウォッチを止めた。測定した時間は1.76秒であった。

ストップウォッチ

(1) 手をにぎられてから，となりの人の手をにぎるという反応が起こるまでの時間は，およそ何秒か。 [　　　　　]

(2) 次の①～③の[　　]に適当な語を入れ，下の文章を完成させよ。

① [　　　　]　② [　　　　]　③ [　　　　]

　　手をにぎられたことは，圧力の刺激として[　①　]で受けとられる。その刺激の信号は，[　②　]を通ってせきずい，脳へと伝わり，脳がからだを動かす命令を出す。その命令の信号は，せきずい，[　③　]を通って筋肉に伝わり，となりの人の手をにぎる動作が起こる。

3 〈ひとみの大きさの変化〉 ⊶重要

次の観察について、あとの問いに答えなさい。

〔観察〕① 手鏡でひとみを見ながら、顔を明るいほうに向け、ひとみの大きさを観察した。

② 手鏡でひとみを見ながら、顔をうす暗いほうに向け、ひとみの大きさを観察した。

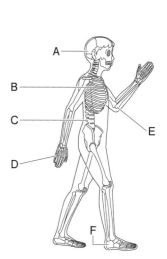

(1) ひとみの大きさは、①と②ではどうなっているか。次のア～ウから選び、記号で答えよ。　　　[　　　]

　ア　①より②のときのほうが、ひとみが大きい。

　イ　①より②のときのほうが、ひとみが小さい。

　ウ　①と②で、ひとみの大きさは変わらない。

(2) ②の直後に、再び①を行うと、ひとみの大きさはどうなるか。　　　　　[　　　　　]

(3) 観察結果が変わるように意識して①と②を再び行ったとき、観察結果を変えることはできるか。　　　　　[　　　　　]

(4) 〔観察〕と同じような反応を、次のア～エからすべて選び、記号で答えよ。　[　　　　　]

　ア　食物を口に入れたら、だ液が出てきた。

　イ　電話が鳴ったので、受話器をとった。

　ウ　走っていたら、自然に汗が出てきた。

　エ　悲しい話を聞いていたら、自然に涙が出てきた。

4 〈骨格と筋肉のつくり〉

右の図は、ヒトの骨格を表している。次の問いに答えなさい。

(1) 次の①～③にあてはまる部分を、図中のA～Fからそれぞれ選び、記号で答えよ。

　① 歩くときに全体重を支えられるように、じょうぶなつくりになっている。　　　[　　　]

　② 板のような骨がかみ合って、脳を保護している。

　　　　　　　　[　　　]

　③ 折れ曲がる関節と回転する関節があり、ものをつかめる。

　　　　　　　　[　　　]

(2) Eの関節は曲がる方向が決まっているか。　　[　　　]

(3) Eの関節につながる骨とそれらを動かす筋肉は、何によってつながっているか。　　　　[　　　]

(4) 筋肉を縮めたりゆるめたりする命令を出しているのは、どの部分か。次のア～オから選び、記号で答えよ。　　　　　[　　　]

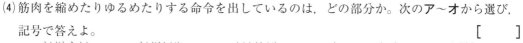

　ア　運動器官　　イ　運動神経　　ウ　感覚神経　　エ　末しょう神経　　オ　中枢神経

実力アップ問題

1 右の図はヒトの肺の模式図であり，**X**，**Y**は毛細血管につながる血

管，矢印は血液の流れる向きを示している。次の問いに答えなさい。

〈4点×6〉

(1) ヒトが空気を吸いこむときの，横隔膜とろっ骨の動きについて

　の正しい説明を，次の**ア～エ**から選び，記号で答えよ。

　　ア　横隔膜は上がり，同時にろっ骨も上がる。

　　イ　横隔膜は下がり，同時にろっ骨が上がる。

　　ウ　横隔膜は上がり，同時にろっ骨が下がる。

　　エ　横隔膜は下がり，同時にろっ骨も下がる。

(2) 図中の**A**の，肺の中にたくさんある小さな袋を何というか。

(3) **A**の袋がたくさんあることは，どのようなことに役に立っているか。簡単に説明せよ。

(4) **X**，**Y**の血管のうち，肺静脈を示しているのはどちらか。記号で答えよ。

(5) 肺でとり入れられる気体の名前を書け。

(6) (5)の気体は，血液中の何という成分によって運ばれるか。

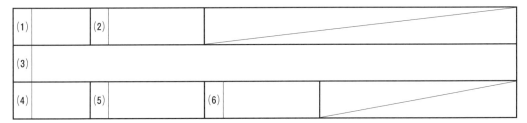

2 右の図は，血液が全身をめぐるようすを模式的

に示したものであり，矢印は血液の流れる向き

を表している。次の問いに答えなさい。

〈4点×6〉

(1) 食事をした後に，血液中の栄養分の量が最も

　多いのは，どの血管を流れている血液か。図

　中の**A～L**から選び，記号で答えよ。

(2) 血液が図中の**L**から**K**へと流れるときに，量

　が少なくなるものはどれか。次の**ア～エ**から

　すべて選び，記号で答えよ。

　　ア　二酸化炭素　　**イ**　酸素

　　ウ　アンモニア　　**エ**　ブドウ糖

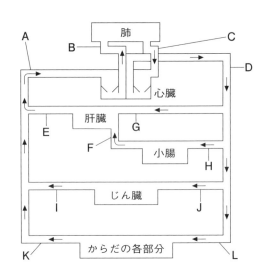

(3) からだの各部分での細胞の活動によってできた不要な物質は，血液中の何という成分によって運ばれるか。

(4) 二酸化炭素を排出する器官の名前を書け。

(5) 肝臓，じん臓のはたらきとして正しいものを，次のア～カからそれぞれすべて選び，記号で答えよ。

　　ア　尿素をアンモニアに変える。

　　イ　アンモニアを尿素に変える。

　　ウ　血液中の不要な物質をこし出して，尿をつくる。

　　エ　血液中の栄養分の一部をたくわえる。

　　オ　血液中の塩分濃度や水分の量を保つ。

　　カ　胆汁をつくる。

(1)		(2)		(3)		(4)	

(5)	肝臓		じん臓		

3 右の図は，ヒトの神経系の模式図である。次の問いに答えなさい。　　　　　　〈3点×6〉

(1) 図中のAやCのように，感覚器官からの信号を受け，命令を出したり，物事を判断したりする器官をまとめて何というか。

(2) 図中のBとCを結ぶ神経の名前を答えよ。

(3) 図中のCとDを結ぶ神経の名前を答えよ。

(4) 虫にさされてかゆいと感じたので，手で虫を追いはらった。このとき，神経系を信号が伝わる道すじはどうなっているか。次のア～エから選び，記号で答えよ。

　　ア　B→C→D

　　イ　B→C→A→C→D

　　ウ　D→C→B

　　エ　D→C→A→C→B

(5) 熱いストーブにふれて，思わず手を引っこめた。このとき，神経系を信号が伝わる道すじはどうなっているか。(4)のア～エから選び，記号で答えよ。

(6) 刺激を受けたときに，意識とは無関係に起こる，(5)のような反応を何というか。

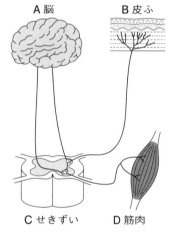

A 脳　　B 皮ふ

C せきずい　　D 筋肉

(1)		(2)		(3)		(4)	

(5)		(6)		

4 図1，図2は，肺から空気が出入りするようすを調べるために行ったモデル実験を示したものである。次の問いに答えなさい。 〈3点×5〉

図1

- ガラス管つきゴム栓
- ペットボトルの上半分
- ゴム風船
- ゴム膜

図2

- ゴム風船がふくらんだ
- 引く

(1) 図1のゴム風船とゴム膜は，ヒトのからだのどの部分にあたるか。次のア〜エから選び，それぞれ記号で答えよ。

ア 肺　　イ ろっ骨　　ウ 横隔膜　　エ 気管

(2) 次の文章は，肺のモデル実験について説明したものである。①，②の[　]に適当な語を入れ，文章を完成させよ。

図2で，ゴム膜を引いて中のゴム風船がふくらんだ状態は，ヒトが息を[　①　]ときにあたり，肺の体積は[　②　]なっている。

(3) 肺のはたらきによって，ヒトの細胞ではどのようなことが行われているか。次のア〜エから選び，それぞれ記号で答えよ。

ア 酸素と栄養分から生きるためのエネルギーをとり出し，二酸化炭素を出す。

イ 酸素と二酸化炭素から生きるためのエネルギーをとり出し，栄養分を出す。

ウ 酸素とエネルギーから栄養分をつくり出し，二酸化炭素を出す。

エ 酸素と二酸化炭素から栄養分をつくり出し，エネルギーを出す。

(1)	ゴム風船		ゴム膜	
(2)	①	②	(3)	

5 右の図は，ヒトの腕のつくりを模式的に示したものである。次の問いに答えなさい。 〈2点×2〉

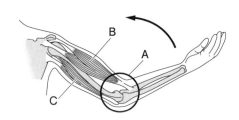

B
A
C

(1) 図のAのような，骨と骨のつなぎ目を何というか。

(2) 腕を矢印の方向に動かすとき，図のB，Cの筋肉はどうなるか。次のア〜エから選び，記号で答えよ。

ア BとCの筋肉が縮む。　　イ Bの筋肉が縮み，Cの筋肉がゆるむ。

ウ BとCの筋肉がゆるむ。　　エ Bの筋肉がゆるみ，Cの筋肉が縮む。

(1)		(2)	

6 次の実験について，あとの問いに答えなさい。　　　　　　　　　　　　　　〈3点×5〉

〔実験〕① 図1のように，16人で手
をつないだ。

② Aさんは，左手でとなりの人の
右手をにぎるのと同時に，右手で
ストップウォッチをスタートさせ
た。2番目以降の人は，それぞれ
右手をにぎられたらすぐに左手でとなりの人の右手をにぎった。

図1

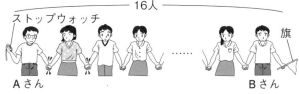
16人
ストップウォッチ
Aさん　　　　　　　　　　　　　Bさん　旗

③ Bさんは，右手をにぎられたらすぐに旗をあげ，それを見たAさんはすぐにストップウォッチを止めたところ，ストップウォッチは3.4秒を示していた。

(1) 図2は，ヒトの目のつくりを模式的に表したものである。A
さんがBさんのあげた旗を見たとき，目のどの部分で光の
刺激を受けとっているか。図2のア〜エから選び，記号と
名前を答えよ。

図2

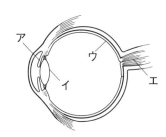
ア
ウ
イ
エ

(2) この実験において，目が光の刺激を受けとり，筋肉が反応
するまでの刺激や命令はどのように伝わったか。次のア〜
エから選び，記号で答えよ。

ア　（刺激→）目→感覚神経→せきずい→脳→せきずい→運動神経→筋肉（→反応）

イ　（刺激→）目→感覚神経→脳→せきずい→運動神経→筋肉（→反応）

ウ　（刺激→）目→感覚神経→せきずい→脳→運動神経→筋肉（→反応）

エ　（刺激→）目→感覚神経→運動神経→筋肉（→反応）

(3) 実験で，ヒトが刺激を受けとってから反応を起こすまでにかかった平均の時間は，1人あた
りおよそ何秒か。ただし，Bさんの右手がにぎられてから，Aさんがストップウォッチを止
めるまでにかかった時間は0.4秒であったとする。答えは四捨五入して小数第2位まで求め
よ。

(4) 刺激に対して意識とは関係なく起こる反応には，どのようなものがあるか。次のア〜エから
選び，記号で答えよ。

ア　名前を呼ばれて振り返った。

イ　地震が起こったので急いで机の下に入った。

ウ　暗いところで目のひとみが広がった。

エ　虫が飛んできたので，手で振りはらった。

(1)	記号		名前	(2)		(3)	
(4)							

3章 気象とその変化

①大気とその動き

重要ポイント

① 圧力

- **圧力**…ある面に力がはたらくときに，その面を垂直におす単位面積あたりの力の大きさ。単位はパスカル(記号 Pa)。

$$圧力〔Pa〕＝\frac{力の大きさ〔N〕}{力がはたらく面積〔m^2〕}$$

→ヘクトパスカル(hPa)を使う場合もある。1hPa＝100Pa

- **大気圧(気圧)**…空気の重さによる圧力。あらゆる方向からはたらく。
  →海面と同じ高さのところでほぼ1気圧(＝1013hPa＝101300Pa)である。

② 天気図

- **天気図**…決められた記号を使って，地図上に気象のようすを表したもの。

- **等圧線**…気圧が等しい地点を結んだ曲線。ふつう4hPaごとに引き，20hPaごとに太くする。
  →1000hPaが基準

- **天気図記号**…天気，風力，風向を表したもの。

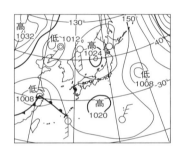

風向…矢ばねの向きで表す。
→16方位で表す。
風力…矢ばねの数で表す。
→0から12まである。
天気…天気記号で表す。
→快晴・晴れ・くもりは雲量で決める。

天気：晴れ　風向：北東　風力：3

天気記号

快晴	晴れ	くもり	雨	雪
○	◑	◎	●	⊗

風力の表し方

0 1 2 3 4 5 6 7 8 12

雲量
→空全体を10としたときの雲がしめる割合

雲量	0～1	2～8	9～10
天気	快晴	晴れ	くもり

雲量2→晴れ

③ 等圧線と風

- **等圧線と風**
  →大気の水平方向の流れ。垂直方向の流れは気流という。
  風は気圧が高いところから低いところに向かってふき，等圧線の間隔がせまいほど，
  →気圧がまわりより低いところを低気圧，高いところを高気圧という。
  強い風がふく。風は等圧線に対して直角方向より右にそれてふく。
  →南半球では，左にそれてふく。

- **高気圧と風**
  →等圧線の間隔が広く，風が弱い。
  ・風向…中心から周囲へと右回りにふき出している。
  →南半球では，左回り
  ・気流…下降気流→雲ができにくい→天気がよい

- **低気圧と風**
  →等圧線の間隔がせまく，風が強い。
  ・風向…周囲から中心へと左回りにふきこんでいる。
  →南半球では，右回り
  ・気流…上昇気流→雲ができやすい→天気が悪い

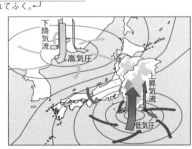

ポイント 一問一答

① 圧力

☐ (1) ある面に力がはたらくときに，その面を垂直におす単位面積あたりの力の大きさ を何というか。

☐ (2) 空気の重さによって生じる，あらゆる方向からはたらく圧力を何というか。

② 天気図

☐ (1) 地図上に気象のようすを表したものを何というか。

☐ (2) 気圧が等しい地点を結んだ曲線を何というか。

☐ (3) (2)の線は，ふつう何hPaごとに引かれているか。

☐ (4) 天気図記号で，矢ばねの数が表すのは何か。

☐ (5) 天気図記号で，矢ばねの向きが表すのは何か。

☐ (6) 雲量が8のときの天気は晴れか，くもりか。

☐ (7) 右の①〜③の天気記号が表す天気はそれぞれ何か。

① ◯ ② ● ③ ◐

③ 等圧線と風

☐ (1) 風がふいてくるのは，気圧が高いところからか，気圧が低いところからか。

☐ (2) 等圧線の間隔がせまいと風は強くなるか，弱くなるか。

☐ (3) 風が中心から周囲へとふき出しているのは，高気圧か，低気圧か。

☐ (4) (3)での風のふき出し方は，北半球では右回りか，左回りか。

☐ (5) (3)の中心付近で生じる気流は上昇気流か，下降気流か。

☐ (6) (3)の中心付近の天気はよいか，悪いか。

☐ (7) 風が周囲から中心へとふきこむのは，高気圧か，低気圧か。

☐ (8) (7)での風のふきこみ方は，北半球では右回りか，左回りか。

☐ (9) (7)の中心付近で生じる気流は上昇気流か，下降気流か。

☐ (10) (7)の中心付近の天気はよいか，悪いか。

答
① (1) 圧力　(2) 大気圧(気圧)

② (1) 天気図　(2) 等圧線　(3) 4hPa　(4) 風力　(5) 風向　(6) 晴れ　(7) ① くもり　② 雨　③ 晴れ

③ (1) 高いところから　(2) 強くなる。　(3) 高気圧　(4) 右回り　(5) 下降気流　(6) よい。
(7) 低気圧　(8) 左回り　(9) 上昇気流　(10) 悪い。

基 礎 問 題

▶答え　別冊p.17

1 〈圧力〉 🔑重要

右の図のように，スポンジの上にレンガがのせてある。このレンガにはたらく重力は24Nである。次の問いに答えなさい。

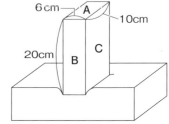

(1) スポンジのへこみ方が最も小さいのは，A，B，Cのどの面を下にしたときか。　　　　　　　[　　　　　]

(2) A，B，Cの面を下にしたときに，レンガがスポンジをおす力をa〔N〕，b〔N〕，c〔N〕とすると，その大小関係はどうなるか。次の**ア**〜**ウ**から選び，記号で答えよ。　　　　　　　　　　　　　[　　　　　]

　　ア　$a > b > c$　　　　**イ**　$a < b < c$　　　　**ウ**　$a = b = c$

(3) A，B，Cの面の面積は，それぞれ何m^2か。
　　　　　　　　　　　　　　　　　　　　　A [　　　　　]
　　　　　　　　　　　　　　　　　　　　　B [　　　　　]
　　　　　　　　　　　　　　　　　　　　　C [　　　　　]

(4) A，B，Cの面を下にしたときにスポンジが受ける圧力は，それぞれ何Paか。
　　　　　　　　　　　　　　　　　　　　　A [　　　　　]
　　　　　　　　　　　　　　　　　　　　　B [　　　　　]
　　　　　　　　　　　　　　　　　　　　　C [　　　　　]

2 〈等圧線の引き方〉⚠ミス注意

右の図は，各地点ではかった気圧を，海面での気圧に換算して示したものである。図の中に1028hPaの等圧線をかき入れなさい。

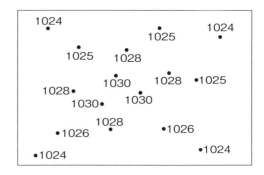

3 〈天気図記号の作図〉🔑重要

次の①，②の気象状況を，右の図にそれぞれ作図しなさい。

　① 天気が快晴，西の風，風力が1のとき

　② 天気がくもり，南東の風，風力が4のとき

4 〈等圧線と風〉

　右の天気図について，次の問いに答えなさい。

(1) 高気圧におおわれているのは，図中の地点**ア〜ウ**のうち，どれか。記号で答えよ。　[　　　]

(2) 地点**イ**でふいている風は東寄りか，西寄りか。
　　　　　　　　　　　　　　　　　　　[　　　　]

(3) 最も強い風がふいているのは，図中の地点**ア〜ウ**のうち，どれか。記号で答えよ。　[　　　]

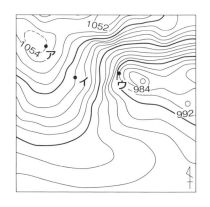

5 〈高気圧・低気圧と風〉 ●●重要

　右の天気図について，次の問いに答えなさい。

⚠ミス注意 (1) 地点**A**，**B**付近における風のふき方を，次の**ア〜エ**からそれぞれ選び，記号で答えよ。

A [　　　]

B [　　　]

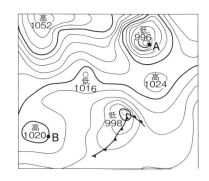

 ア　 イ　 ウ　 エ

(2) 地点**A**，**B**の付近で発生する気流の向きを，右の**ア**，**イ**からそれぞれ選び，記号で答えよ。

A [　　　] B [　　　]

ア　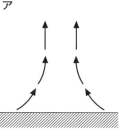　イ　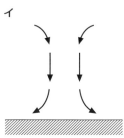

(3) 雲ができやすいのは，地点**A**，**B**のどちらか。記号で答えよ。　[　　　]

(4) 天気がよいのは，地点**A**，**B**のどちらか。記号で答えよ。　　　　　　　　　　　[　　　]

 ヒント

1 圧力〔Pa〕＝ $\dfrac{力の大きさ〔N〕}{力がはたらく面積〔m^2〕}$

2 等圧線とは，気圧の等しい地点を結んだ曲線のことである。

4 (2) 風は気圧が高いところから低いところに向かってふく。

5 (1) 高気圧では風が中心から周囲へとふき出し，低気圧では風が周囲から中心へとふきこむ。

1 〈圧力①〉 ●重要

図1のような18kgの直方体の台を，A
の面を上にして水平な床の上に置いた。
その上に，図2のように体重57kgのS
さんがのった。100gの物体にはたらく
重力を1Nとして，次の問いに答えなさ
い。

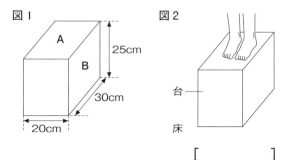

図1

A
B
25cm
30cm
20cm

図2

台
床

(1) 図1のときに，床にかかる圧力は何Paか。　　　　　　　　　　　　　[　　　　　]

(2) Sさんの足の裏の面積が左右合わせて0.025m²であるとすると，図2で，Sさんから台にか
かる圧力は何Paか。　　　　　　　　　　　　　　　　　　　　　　　[　　　　　]

⚠️ミス注意 (3) 図2のときに，床にかかる圧力は何Paか。　　　　　　　　　　　　[　　　　　]

(4) 台の上にSさんがのるとき，Aの面を上にした場合とBの面を上にした場合とでは，床をお
す力の大きさと，床にかかる圧力はどうなるか。次から選び，記号で答えよ。　[　　　　　]

ア　Aの面を上にした場合のほうが力の大きさは大きく，圧力も大きい。

イ　Bの面を上にした場合のほうが力の大きさは大きく，圧力も大きい。

ウ　力の大きさは変わらないが，Aの面を上にした場合のほうが圧力は大きい。

エ　力の大きさは変わらないが，Bの面を上にした場合のほうが圧力は大きい。

2 〈大気圧〉

右の図は，海面上のA地点と山の上のB地点で，それぞれの
上にある空気の層を模式的に示したものである。次の問いに
答えなさい。

(1) 大気圧が大きいのは，A，Bのどちらの地点か。記号で答えよ。

[　　　]

🏠がつく (2) A地点での標準的な大気圧は，およそ何hPaか。整数で表せ。

[　　　]

(3) B地点で，からのペットボトルにふたをしてからA地点まで
運ぶと，ペットボトルはどうなるか。次のア～ウから選び，記号で答えよ。　[　　　　　]

ア　つぶれる。　　　　　イ　変化しない。　　　　　ウ　ふくらむ。

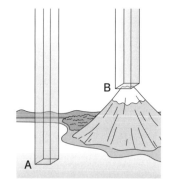

B
A

3 〈等圧線〉
右の図は，日本のある地域の等圧線の分布を示したものである。地点A〜Cの気圧を求めなさい。

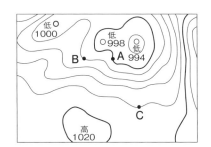

A [　　　　　　]
B [　　　　　　]
C [　　　　　　]

4 〈天気図記号の読みとり〉 ●重要
右の天気図記号について，次の問いに答えなさい。

(1)右の天気図記号が表す天気を，次の**ア〜エ**から選び，記号で答えよ。

[　　　　　]

ア　快晴　　　イ　晴れ　　　ウ　くもり　　　エ　雨

(2)右の天気図記号が表す風力と風向をそれぞれ答えよ。

風力 [　　　　] 風向 [　　　　　]

(3)風向とは，風がふいてくる方向のことか，風がふいていく方向のことか。

[　　　　　　　　　　　　]

5 〈圧力②〉
図1のような質量7.2kgの直方体がある。この直方体を，Aの面を下にして水平面上に置いた。100gの物体にはたらく重力を1Nとして，次の問いに答えなさい。

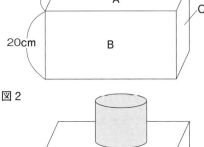

図1

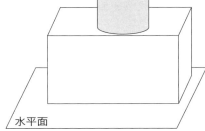

図2

(1)この直方体にはたらく重力は何Nか。

[　　　　　　]

(2)水平面が直方体のAの面から受ける圧力の大きさは，何Paか。　　[　　　　　]

(3)下にする面をBに変えると，水平面が受ける圧力の大きさは何倍になるか。　　[　　　　　]

(4)水平面が受ける圧力が最も大きくなるのは，A〜Cのどの面を下にしたときか。記号で答えよ。

[　　　　　]

(5)図2のように，Aの面を下にした直方体の上に円柱形の物体をのせ，水平面がAの面から受ける圧力を調べると，3000Paであった。円柱形の物体の質量は何kgか。　　[　　　　　]

1 〈等圧線の読み方〉 🔑重要

右の図はある地域の等圧線を示したものである。
地点A～Cの気圧は，次のア～エのどれに近いか。
それぞれ選び，記号で答えなさい。

A [　　　] B [　　　] C [　　　]

ア　1016 hPa

イ　1018 hPa

ウ　1020 hPa

エ　1022 hPa

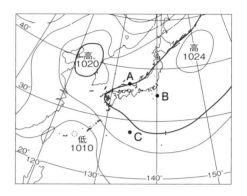

2 〈気象観測〉

ある地点で気象観測を行った。あとの問いに答えなさい。

〔観測〕

① 空を見わたすと，雨は降っておらず，図1のように雲が空全体の約7割をしめていた。

② 図2のような風速計で風速を調べると，3.5 m/s であった。

③ 図3のようなふき流しをつけた器具で風向を調べると，図4のようにひもがたなびいた。

図1　　　　図2　風速計

図3　　ひも　棒

図4　ひも　真上から見た図

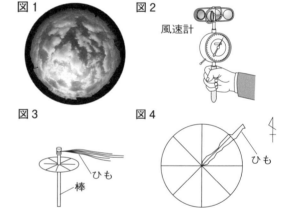

⚠ミス注意 (1) 観測を行ったときの天気はア～ウのうち，どれか。記号で答えよ。　　　　[　　　]

ア　快晴　　イ　晴れ　　ウ　くもり

(2) 観測を行ったときの風力を，表1の風力階級表を使って求めよ。　　　　[　　　]

(3) 観測を行ったときの風向を，16方位で答えよ。　　　　[　　　]

⚠ミス注意 (4) 観測を行ったときの天気，風向，風力の天気図記号を，図5に表せ。

表1　風力階級表

風力階級	風速〔m/s〕
1	0.3以上　1.6未満
2	1.6以上　3.4未満
3	3.4以上　5.5未満

図5

3 〈天気図〉 ●■重要

右の天気図について，次の問いに答えなさい。

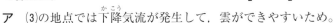

(1) 地点Aの風向，風力を答えよ。

風向 [   ]　風力 [   ]

(2) 地点A，Bは，それぞれ低気圧と高気圧のどちらにおおわれているか。

A [   ]　B [   ]

(3) 雨が降る可能性が高いのは，地点A，Bのどちらか。

[   ]

(4) (3)のように答えた理由を，次のア～エから選び，記号で答えよ。　[   ]

　ア　(3)の地点では下降気流が発生して，雲ができやすいため。

　イ　(3)の地点では下降気流が発生して，雲ができにくいため。

　ウ　(3)の地点では上昇気流が発生して，雲ができやすいため。

　エ　(3)の地点では上昇気流が発生して，雲ができにくいため。

4 〈2日間の天気図〉

右の図は，3月9日，10日の午前9時の天気図である。次の問いに答えなさい。

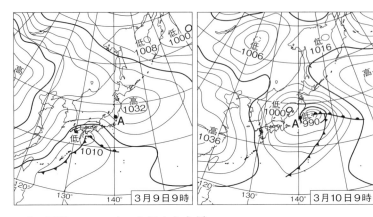

(1) 地点Aの10日の気圧は，9日の気圧とくらべてどうなっているか。次のア～ウから選び，記号で答えよ。 [   ]

　ア　9日よりも高い。　　イ　同じ。　　ウ　9日よりも低い。

(2) 地点Aの10日の風力は，9日の風力とくらべてどうなっているか。次のア～ウから選び，記号で答えよ。 [   ]

　ア　小さくなっている。　　イ　同じ。　　ウ　大きくなっている。

(3) 地点Aの9日と10日の風向の説明として正しいものを，次のア～エから選び，記号で答えよ。

[   ]

　ア　9日も10日も，風向は北西である。

　イ　9日の風向は東北東だったが，10日の風向は西北西である。

　ウ　9日の風向は東北東だったが，10日の風向は西南西である。

　エ　9日の風向は東北東だったが，10日の風向は南東である。

❷大気中の水の変化

重要ポイント

① 大気中の水蒸気

□ **飽和**（ほうわ）…空気が限度まで水蒸気をふくんだ状態。

□ **飽和水蒸気量**…1m³の空気がふくむことのでき

る水蒸気の最大量。単位はg/m³である。

・気温が高い。→飽和水蒸気量が大きい。

・気温が低い。→飽和水蒸気量が小さい。

□ **露点**（ろてん）…空気中の水蒸気が冷やされて<u>水滴</u>（すいてき）になり始める温度。
  └空気中の水蒸気量で決まる。　　　　　　　└凝結という。

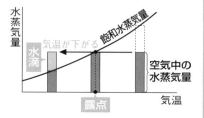

② 湿度（しつど）

□ **湿度**…空気の湿り（しめ）ぐあい。百分率で表す。

・湿度〔%〕＝ $\dfrac{空気1m^3中にふくまれる水蒸気量〔g/m^3〕}{そのときの気温における飽和水蒸気量〔g/m^3〕} \times 100$

□ **乾湿計**（かんしつけい）…<u>乾球</u>の示度と乾
  └気温と同じ。
球と湿球の示度の差を湿
  └湿度が低いほど大きい。
度表にあてはめて湿度を

求める。

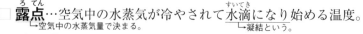

湿度表

乾球〔℃〕	乾球示度〔℃〕－湿球示度〔℃〕			
	0.0	0.5	1.0	1.5
11	100	94	87	81
10	100	93	87	80

乾球が10℃，湿球が9℃のときの湿度

□ **気温と湿度の関係**…晴れ

た日には，湿度は<u>気温と</u>
  └くもりや雨の日にはあまり変化しない。
<u>逆の変化</u>をする。

晴れた日の湿度

気温と逆の変化

③ 雲や雨のでき方

□ **雲**…小さな水滴や氷の結晶（けっしょう）の集まり。

・雲の発生…<u>空気が上昇（じょうしょう）する</u> ➡ **気圧が下がる**

➡ **空気が膨張（ぼうちょう）する** ➡ 空気の温度が下がる

➡ 露点に達する ➡ 水滴や氷の結晶ができる

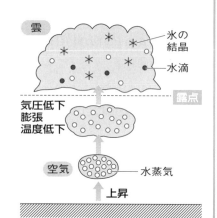

□ **雨**…雲をつくる小さな水滴や，氷の結晶がとけて，
  └雨や雪，あられなどを，まとめて降水という。
地上に落ちてくるもの。

□ **雪**…氷の結晶がとけないで落ちてくるもの。

□ **霧**（きり）…地表付近の空気が冷えてできた水滴が，地表

付近に浮かんでいるもの。

ポイント 一問一答

① 大気中の水蒸気

□ (1) 空気が限度まで水蒸気をふくんだ状態を何というか。

□ (2) 1 m³ の空気がふくむことのできる水蒸気の最大量を何というか。

□ (3) 気温が高くなると，(2)の量はどうなるか。

□ (4) 空気中の水蒸気が冷やされて水滴になり始める温度を何というか。

② 湿度

□ (1) 空気の湿りぐあいを百分率で表したものを何というか。

□ (2) 次の式の（　）にあてはまる言葉は何か。

$$湿度〔\%〕 = \frac{空気1 m^3 中にふくまれる水蒸気量〔g/m^3〕}{そのときの気温における（　　　）〔g/m^3〕} \times 100$$

□ (3) 気温を示しているのは，乾球と湿球のどちらの示度か。

□ (4) 晴れた日の1日の気温と湿度は，同じ変化をするか，逆の変化をするか。

③ 雲や雨のでき方

□ (1) 雲のでき方について，次の（　）にあてはまる言葉は何か。

　　空気が上昇する → 気圧が下がる → 空気が膨張する

　　　→ 空気の温度が下がる → 空気の温度が（　　　）に達する

　　　→ 水滴や氷の結晶ができる → 雲ができる

□ (2) 雲をつくる水滴や，氷の結晶がとけて地上に落ちてくるものを何というか。

□ (3) 地表付近の空気が冷えてできた水滴が，地表付近に浮かんでいるものを何というか。

答
①(1) 飽和　(2) 飽和水蒸気量　(3) 大きくなる。　(4) 露点
②(1) 湿度　(2) 飽和水蒸気量　(3) 乾球　(4) 逆の変化
③(1) 露点　(2) 雨　(3) 霧

基 礎 問 題

▶答え　別冊p.19

1 〈大気中の水蒸気〉 ●重要

右の図は，気温と飽和水蒸気量の関係を示したものである。気温20℃，水蒸気量12.8g/m³の空気について，次の問いに答えなさい。

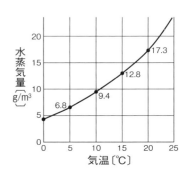

(1) この空気の飽和水蒸気量は何g/m³か。　[　　　　　　]

(2) この空気1m³がさらにふくむことのできる水蒸気は，あと何gか。　　　　　　　　[　　　　　　]

(3) この空気の露点は何℃か。　　　　[　　　　　　]

⚠ミス注意 (4) この空気が5℃まで下がると，1m³あたり何gの水滴ができるか。

[　　　　　　]

2 〈湿度の計算〉 ●重要

右の表は，気温と飽和水蒸気量を示したものである。次の問いに答えなさい。

気温〔℃〕	12	16	20	24
飽和水蒸気量〔g/m³〕	10.7	13.6	17.3	21.8

(1) 気温16℃，水蒸気量6.2g/m³の空気の湿度は何%か。小数第1位を四捨五入して答えよ。　　　　　　　　　　　[　　　　　　]

(2) 気温24℃，湿度50%の空気1m³にふくまれる水蒸気は何gか。　[　　　　　　]

(3) 気温20℃，露点12℃の空気の湿度は何%か。小数第1位を四捨五入して答えよ。

[　　　　　　]

3 〈乾湿計〉

右の図はある日の乾湿計のようす，表は湿度表の一部である。次の問いに答えなさい。

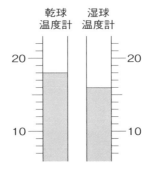

(1) 乾球と湿球の示度はそれぞれ何℃か。整数で答えよ。

乾球〔℃〕	乾球と湿球の差〔℃〕		
	1	2	3
18	90	80	71
17	90	80	70
16	89	79	69

乾球 [　　　　　　]

湿球 [　　　　　　]

(2) この日の気温は何℃か，整数で答えよ。　　　[　　　　　　]

⚠ミス注意 (3) この日の湿度は何%か。表をもとに答えよ。　[　　　　　　]

90

4 〈気温と湿度の関係〉

右の図は，晴れの日と雨の日の気温と湿度の変化を示したものである。次の問いに答えなさい。

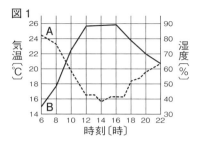
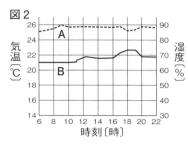

(1) 晴れの日の図は，図1，図2のどちらか。　　　　　　　　　　　　[　　　　　]

(2) 湿度を表しているのは，A，Bのどちらか。　　　　　　　　　　　[　　　　　]

5 〈雲のでき方〉 🔑重要

右の図は，雲ができるようすを示したものである。次の問いに答えなさい。

(1) 雲をつくっている水滴や氷の結晶は，空気中の何が変化したものか。　[　　　　　]

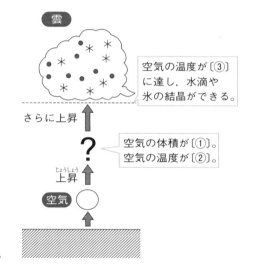

(2) 図の①〜③にあてはまる言葉を次のア，イからそれぞれ選び，記号で答えよ。

　　　　①[　　　] ②[　　　] ③[　　　]

① ア 大きくなる 　　イ 小さくなる

② ア 上がる 　　イ 下がる

③ ア 融点 　　イ 露点

(3) 雨，雪，霧の説明として正しいものはどれか。次のア〜エからそれぞれ選び，記号で答えよ。

　　　　　　　　　　　雨[　　　] 雪[　　　] 霧[　　　]

ア 上空でできた氷の結晶が，とけないで地上に落ちてくるもの。

イ 地表付近の空気が冷えてできた水滴が，地表付近に浮かんでいるもの。

ウ 土の中の水が氷になって，地表に出てきたもの。

エ 雲をつくる小さな水滴や，氷の結晶がとけたものが，地上に落ちてくるもの。

ヒント

1 飽和水蒸気量は，1m³の空気がふくむことのできる水蒸気の最大量のことである。また，露点は，空気中にふくみきれなくなった水蒸気が水滴になり始めるときの温度である。

2 湿度〔%〕＝ $\dfrac{空気1m^3中にふくまれる水蒸気量〔g/m^3〕}{そのときの気温における飽和水蒸気量〔g/m^3〕}×100$

3 乾湿計で湿度を求めるときは，乾球の示度と，乾球と湿球の示度の差を湿度表にあてはめて求める。

4 晴れの日の湿度は，気温と逆の変化を示す。

5 (2) 空気は上昇すると気圧が下がってぼう張し，温度が下がる。

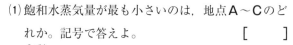

標 準 問 題

1 〈湿度〉

右の図は，気温と飽和水蒸気量の関係と，ある日の地点A〜Cの空気の状態を示したものである。次の問いに答えなさい。

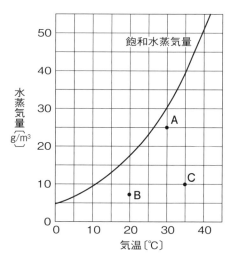

(1) 飽和水蒸気量が最も小さいのは，地点A〜Cのどれか。記号で答えよ。 [   ]

⚠️ミス注意 (2) 露点が最も高いのは，地点A〜Cのどれか。記号で答えよ。 [   ]

(3) 地点Aの湿度は何％か。最も適当なものを次のア〜エから選び，記号で答えよ。 [   ]

ア　5％

イ　17％

ウ　83％

エ　100％

⚠️ミス注意 (4) 湿度が最も低いのは，地点A〜Cのどれか。記号で答えよ。 [   ]

2 〈露点を求める実験〉 🔑重要

室温30℃の部屋の湿度を求めるために，次の実験を行った。あとの問いに答えなさい。

〔実験〕あらかじめくんでおいた水を，金属製のコップに半分ぐらい入れた。右の図のように，このコップの中に少しずつ氷水を入れて水温を下げていくと，水温が20℃になったときにコップの表面がくもり始めた。下の表は，気温と飽和水蒸気量との関係を示したものである。

気　温〔℃〕	15	20	25	30	35
飽和水蒸気量〔g/m³〕	12.8	17.3	23.1	30.4	39.6

(1) 下線部について，あらかじめくんでおいた水を使うのは何のためか。簡単に説明せよ。

[   ]

(2) 部屋の空気の露点は何℃か。 [   ]

(3) 部屋の空気1m³にふくまれる水蒸気は何gか。 [   ]

(4) 部屋の湿度は何％か。小数第1位を四捨五入して答えよ。 [   ]

⚠️ミス注意 (5) この部屋の室温を30℃から15℃まで下げると，空気1m³あたり何gの水滴が発生するか。

[   ]

3 〈乾湿計〉
表1は地点A〜Cで同じ時刻にはかった乾球と湿球の示度を示している。表2の湿度表をもとにして，地点A〜Cの湿度を求め，どの地点の湿度がいちばん低いかを，記号で答えなさい。

[   ]

表1

地点	乾球	湿球
A	22℃	20℃
B	20℃	16℃
C	21℃	18℃

表2

乾球 〔℃〕	乾球と湿球の差〔℃〕			
	1	2	3	4
22	91	82	74	66
21	91	82	73	65
20	90	81	72	64

4 〈雲のでき方の実験〉 ○━重要

雲のでき方を調べるために，次の実験を行った。あとの問いに答えなさい。

〔実験〕フラスコの内側を水でぬらし，線香のけむりを少し入れてから，右の図のように注射器のピストンをすばやく引いた。すると，フラスコの内側が白くくもった。

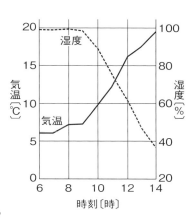

(1) フラスコ内に線香のけむりを入れるのは何のためか。次のア〜エから選び，記号で答えよ。　[   ]

　ア　けむりによって空気が冷やされるため。
　イ　けむりの粒が水滴につくと白く見えるため。
　ウ　けむりがあると，水滴ができやすいため。
　エ　けむりがあると，水滴が消えやすいため。

(2) 次の文章は，ピストンを引いたときにフラスコの内部で起こったことについて説明したものである。①，②の［　］に適当な語を入れ，文を完成させよ。

①［　　　　　］②［　　　　　］

　ピストンを引くと，フラスコ内部の空気が［　①　］し，温度が下がった。空気の温度は［　②　］に達して，空気中の水蒸気が小さな水滴になり，フラスコの内側をくもらせた。

(3) 白くくもったときのフラスコ内部の湿度は何％か。　[   ]

5 〈霧〉 がつく

右の図は，X地点における6時から14時までの気温と湿度の記録である。この日の朝，X地点では6時に霧が見られたが，9時にはこの霧は消えていた。霧が消えた理由として，正しいものを次のア〜エから選び，記号で答えなさい。

[   ]

　ア　気温が上がり，飽和水蒸気量が小さくなったから。
　イ　気温が上がり，飽和水蒸気量が大きくなったから。
　ウ　気温が上がり，空気中の水蒸気量が大きくなったから。
　エ　気温が上がり，空気中の水蒸気量が小さくなったから。

❸前線と天気の変化

重要ポイント

① 前線とそのつくり

☐ **気団**…_{┌→気温や湿度}性質が一様で大規模な空気のかたまり。

☐ **前線面と前線**…性質の異なる気団が接する境界面を前線面，前線面が地表面と交わるところを前線という。

☐ **前線の種類と構造**
　_{┌→気団のぶつかり方によって，前線の種類が決まる。}
　① <u>寒冷前線</u>…**寒気が暖気の下にもぐりこみ，暖気を激し**
　_{┌→寒気のほうが優勢}
　くおし上げながら進む。（記号は ▼▼▼▼ ）

　② <u>温暖前線</u>…**暖気が寒気の上にゆっくりはい上がり，寒**
　_{┌→暖気のほうが優勢}
　気をおしながら進む。（記号は ●●● ）

　③ <u>閉そく前線</u>…寒冷前線が温暖前線に追いついてできる。
　_{┌→地表付近はすべて寒気におおわれる。}
　（記号は ▲●▲● ）
　_{┌→停滞前線の付近では，雨やくもりの日が続く。}
　④ <u>停滞前線</u>…**寒気と暖気の勢力がほぼ等しいため，あま**
　り動かず，東西に広がった前線。梅雨前線・秋雨前線
　は停滞前線である。（記号は ●▼●▼ ）

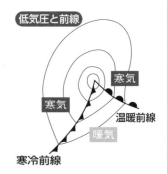

前線面と前線

前線面

前線

寒気　暖気

地表面

低気圧と前線

寒気

寒気

温暖前線

暖気

寒冷前線

② 前線と天気の変化

☐ **寒冷前線が通過するとき**
　① できる雲…激しい上昇気流のため，**積雲・積乱雲**と
　いう，**垂直に発達する雲**ができる。

　② 通過時…積乱雲が発達するため，**激しい雨がせまい**
　_{└→雷が鳴ったり，突風がふいたりすることもある。}
　範囲に短時間に降る。

　③ 通過後…天気は急速に回復する。**風向が南寄りから**
　北寄りに変わり，気温が下がる。

☐ **温暖前線が通過するとき**
　① できる雲…ゆるやかな上昇気流のため，**乱層雲・高**
　層雲・巻層雲・巻雲などの，<u>層状の雲</u>ができる。

　② 通過時…**おだやかな雨が広い範囲に長時間降り続く。**
　_{└→だんだん雲が低く，厚くなる。}

　③ 通過後…しだいに天気が回復する。**風向が東寄りか**
　ら南寄りに変わり，気温が上がる。

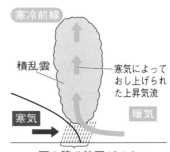

寒冷前線

積乱雲

寒気によって
おし上げられ
た上昇気流

寒気　暖気

雨の降る範囲がせまい

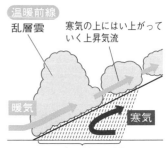

温暖前線

乱層雲

寒気の上にはい上がって
いく上昇気流

暖気　寒気

雨の降る範囲が広い

●寒冷前線では，激しい上昇気流が生じる。雲が垂直方向に急激に発達して，せまい範囲に強い雨が降る。

●温暖前線では，ゆるやかな上昇気流が生じ，雲が層状に広がって，広い範囲に弱い雨が降る。

ポイント 一問一答

① 前線とそのつくり

☐ (1) 性質が一様で大規模な空気のかたまりを何というか。

☐ (2) 性質の異なる気団が接する境界面を何というか。

☐ (3) (2)が地表面と交わるところを何というか。

☐ (4) 寒気が暖気の下にもぐりこみ，暖気を激しくおし上げながら進む前線を何というか。

☐ (5) 暖気が寒気の上にゆっくりはい上がり，寒気をおしながら進む前線を何というか。

☐ (6) 寒冷前線が温暖前線に追いついたときにできる前線を何というか。

☐ (7) 寒気と暖気の勢力がほぼ等しいときにできる，ほとんど動かない前線を何というか。

☐ (8) 7月ごろ日本付近に広がる(7)の前線をとくに何というか。

☐ (9) 9月ごろ日本付近に広がる(7)の前線をとくに何というか。

② 前線と天気の変化

☐ (1) 寒冷前線の付近にできる雲を，次のア〜エから2つ選べ。

　　ア 積乱雲　　**イ** 乱層雲　　**ウ** 巻層雲　　**エ** 積雲

☐ (2) 寒冷前線が通過するときには，雨の降る範囲は広いか，せまいか。

☐ (3) 寒冷前線の通過後，天気の回復のしかたは早いか，遅いか。

☐ (4) 寒冷前線の通過後，気温はどうなるか。

☐ (5) 温暖前線の付近にできる雲を，(1)のア〜エから2つ選べ。

☐ (6) 温暖前線が通過するときには，雨の降る時間は短いか，長いか。

☐ (7) (6)のときに降る雨は，強い雨か，弱い雨か。

☐ (8) 温暖前線の通過後，気温はどうなるか。

☐ (9) 温暖前線の通過後，風向はどうなるか。

答

① (1) 気団　(2) 前線面　(3) 前線　(4) 寒冷前線　(5) 温暖前線　(6) 閉そく前線　(7) 停滞前線

　(8) 梅雨前線　(9) 秋雨前線

② (1) ア，エ　(2) せまい。　(3) 早い。　(4) 下がる。　(5) イ，ウ　(6) 長い。　(7) 弱い雨

　(8) 上がる　(9) 南寄りに変わる。

基礎問題

▶答え　別冊p.20

1 〈前線の種類〉

下の表は，前線の名前と特徴を示したものである。次の問いに答えなさい。

前線名	A	B	閉(へい)そく前線	C
前線の記号	▼▼▼▼	●●●●	X	●▼●▼
特徴	寒気が暖気の下にもぐりこんでできる前線	暖気が寒気の上にゆっくりはい上がってできる前線	AがBに追いついてできる前線	寒気と暖気の勢力が等しく，あまり動かない前線

(1) 表のA〜Cの前線の名前を書け。

A [　　　　　　　] B [　　　　　　　] C [　　　　　　　]

⚠ミス注意 (2) 表のXにあてはまる前線の記号をかけ。 [　　　　　　　]

2 〈前線のしくみ①〉 🔑重要

右の図は，ある前線の断面を示している。次の問いに答えなさい。

(1) 寒気は，気団XとYのどちらか。
[　　　　　　　]

(2) 図のaおよびbにおける空気の流れの向きは，それぞれア〜エのどれか。記号で答えよ。

a [　　　] b [　　　]

(3) この前線は，図の右と左のどちらに移動していくか。 [　　　　　]

(4) この前線の名前を書け。 [　　　　　]

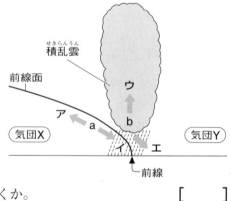

3 〈前線のしくみ②〉 🔑重要

右の図は，ある前線の断面を示している。次の問いに答えなさい。

(1) 暖気は，気団XとYのどちらか。
[　　　　　　　]

(2) 図のaおよびbにおける空気の流れの向きは，それぞれア〜エのどれか。記号で答えよ。

a [　　　] b [　　　]

(3) この前線は，図の右と左のどちらに移動していくか。 [　　　　　]

(4) この前線の名前を書け。 [　　　　　]

4 〈低気圧と前線〉

右の図は，日本付近の低気圧とそれにともなう前線のようすを示したものである。次の問いに答えなさい。

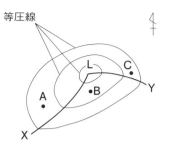

(1) 地表付近が暖気におおわれているのは，**A〜C**のどの地点か。記号で答えよ。 [   ]

(2) 温暖前線は前線**LX**，**LY**のどちらか。 [   ]

⚠ミス注意 (3) この低気圧が東に動くとすると，地点**B**の天気はこれからどうなると考えられるか。次の**ア〜エ**から選び，記号で答えよ。 [   ]

ア 少しずつ空に雲が広がり，弱い雨が長時間降り続く。

イ だんだん雲が低くなり，おだやかな雨が短時間降る。

ウ 急に天気が悪くなって激しい雨が降り出し，短時間で天気が回復する。

エ 急に天気が悪くなり，強い雨が長時間降り続く。

5 〈前線の通過と天気の変化〉 ●◯重要

右の図は，ある地点を前線が通過したときの気圧・気温・天気の変化を1時間ごとに記録したものである。次の問いに答えなさい。

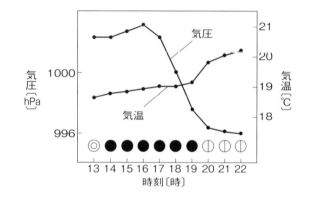

(1) この地点で雨が降っていたのはいつか。次の**ア〜エ**から1つ選び，記号で答えよ。 [   ]

ア 13時ごろ

イ 14時ごろから19時ごろまで

ウ 20時ごろから22時ごろまで

エ 14時ごろから22時ごろまで

(2) この地点を通過した前線を，次の**ア〜エ**から選び，記号で答えよ。 [   ]

ア 温暖前線 **イ** 寒冷前線 **ウ** 停滞前線 **エ** 閉そく前線

⚠ミス注意 (3) 前線がこの地点を通過したのは何時ごろか。次の**ア〜エ**から選び，記号で答えよ。 [   ]

ア 13時ごろ **イ** 16時ごろ **ウ** 19時ごろ **エ** 22時ごろ

ヒント

[2] [3] (1) 寒気と暖気がぶつかったときには，必ず暖気が上，寒気が下になる。

[4] (2) 日本付近では，低気圧の西側には寒冷前線，東側には温暖前線がのびていることが多い。

(3) 寒冷前線では雲が垂直に発達するので，前線が通過するときに強い雨が短時間降る。

[5] (2)(3) 寒冷前線が通過すると気温が下がり，温暖前線が通過すると気温が上がる。

1 〈前線のしくみ〉 ◆重要

右の図は，日本付近の天気図の一部を示したものである。次の問いに答えなさい。

(1) 図中の**A**～**C**の地点での気圧をくらべるとどうなっているか。気圧の高い順に，記号を並べよ。

[　　　　　]

⚠ミス注意 (2) 図中の**A**～**C**の地点の風向を，次の**ア**～**エ**からそれぞれ選び，記号で答えよ。

A [　　] B [　　] C [　　]

ア 東寄りの風　　　　**イ** 西寄りの風

ウ 南寄りの風　　　　**エ** 北寄りの風

⚠ミス注意 (3) 図中の**X**，**Y**の前線付近の空気のようすを正しく表している模式図を，次の**ア**～**エ**からそれぞれ選び，記号で答えよ。　　　　　　　X [　　] Y [　　]

ア
寒気　暖気

イ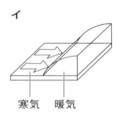
寒気　暖気

ウ
暖気　寒気

エ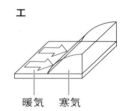
暖気　寒気

(4) 図中の**X**，**Y**の前線付近にできる雲の説明として正しいものを，次の**ア**～**エ**から選び，記号で答えよ。　　　　　　　　　　　　　　　　　[　　　　]

ア **X**，**Y**どちらの付近でも，雲が層状に広がる。

イ **X**，**Y**どちらの付近でも，雲が垂直に発達する。

ウ **X**の付近では雲が層状に広がり，**Y**の付近では雲が垂直に発達する。

エ **X**の付近では雲が垂直に発達し，**Y**の付近では雲が層状に広がる。

🔑差がつく (5) 図中の**X**，**Y**の前線付近で雨の降る範囲(色のついた部分)を正しく示しているものを，次の**ア**～**エ**から選び，記号で答えよ。　　　　　　　　　　　[　　　　]

ア

イ

ウ

エ

2 〈低気圧の発達〉
下の図は, 停滞前線から低気圧が発達するときの地表面の空気の動きを順に示したものである。あとの問いに答えなさい。

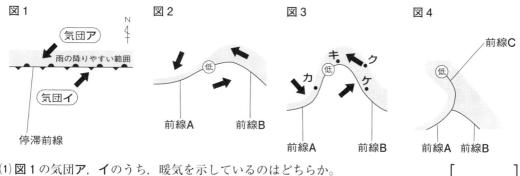

図1　図2　図3　図4

(1) 図1の気団ア, イのうち, 暖気を示しているのはどちらか。　　　　　　　　[　　　　　]

(2) 図4の前線A〜Cの名前を書け。

A [　　　　] B [　　　　] C [　　　　]

(3) 図3で雨がいちばん激しいところはどこか。図3のカ〜ケから選び, 記号で答えよ。[　　　]

3 〈前線の通過と天気の変化〉 🔑重要
右の図は, ある地点で, 4月の
2日間に天気, 風向, 気温, 気
圧の変化を調べたものである。
次の問いに答えなさい。

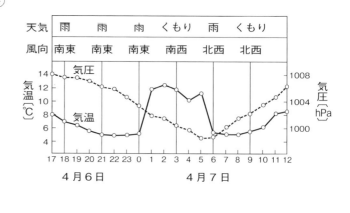

(1) 4月6日18時から4月7日9時
にかけて通過した前線は, どの
ような前線だと考えられるか。
次のア〜エから選び, 記号で答
えよ。　　　　　　[　　　]

　ア　温暖前線が通過し, 寒冷前線は通過しなかった。
　イ　寒冷前線が通過し, 温暖前線は通過しなかった。
　ウ　温暖前線が通過した後, 寒冷前線が通過した。
　エ　寒冷前線が通過した後, 温暖前線が通過した。

(2) 4月7日6時ごろの雨の降り方はどのようであったと考えられるか。次のア〜エから選び,
記号で答えよ。　　　　　　　　　　　　　　　　　　　　　　　　　　　[　　　]

　ア　だんだん雲が低くなり, 弱い雨から本格的な雨になった。
　イ　おだやかな雨が少し降ったが, すぐにやみ, 空が明るくなった。
　ウ　非常に弱い雨が降り続けた。
　エ　急にくもって, 突風がふき, 雷が鳴って, 激しい雨が降り出した。

3章

気象と
その変化

❹日本の気象

重要ポイント

① 大気の流れ

- ☐ **偏西風**…日本付近の上空に **1年中ふく**，強い西風。

- ☐ **海陸風**…昼は海から(海風)，夜は陸から(陸風)ふく風。

- ☐ **季節風**…太平洋とユーラシ
  └海陸風の大規模なもの。
  ア大陸の間に夏は南東の
  風，冬は北西の風がふく。

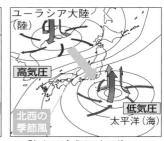

夏 海よりあたたまりやすい陸のほうがあたたかくなる

冬 陸より冷えにくい海のほうがあたたかくなる

② 日本付近の気団と季節ごとの天気

- ☐ **日本付近の気団**…シベリア気団，オホーツク海気団，小笠原気団の３つがある。

シベリア気団 冷 乾　オホーツク海気団 冷 湿　小笠原気団 温 湿

- ☐ **春・秋の天気**…移動性高気圧と低気圧が次々に日本付近を西から東に通過。**4～7日の周期で天気が変わる。**

- ☐ **つゆの天気**…ほぼ同じ勢力の２つの気団の境界に梅雨前線ができ，**雨天が続く。**
  └オホーツク海気団と小笠原気団
  └秋にも同様に秋雨前線ができる。

- ☐ **夏の天気**…小笠原気団の勢力が強い。日本付近が太平洋高気圧におおわれ，
  └南高北低の気圧配置になる。
  └蒸し暑い日が多い。
  晴天の日が多い。

- ☐ **台風**…熱帯の海上で発生した熱帯低気圧のうち，中
  └あたたかく湿った空気からなる。
  心付近の最大風速が毎秒
  17.2m以上のもの。中心付近には強い上昇気流が生じ，
  └台風の目とよばれる風雨のおだやかな部分がある。
  たくさんの積乱雲ができる。
  └大雨を降らせる。

- ☐ **冬の天気**…シベリア気団が発達し，**西高東低**の気圧配置となる。北西の季節風が**日本海上を通過する間に多量の水蒸気をふくむ**ため，日本海側では雪となる。太平洋側では乾燥した晴れの天気となる。

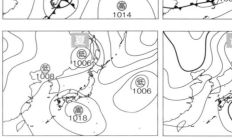

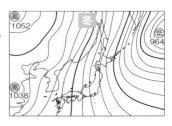

ポイント 一問一答

① 大気の流れ

☐ (1) 日本の上空に1年中ふく，強い西風を何というか。

☐ (2) 海と陸では，あたたまりやすいのはどちらか。

☐ (3) 海と陸では，冷えにくいのはどちらか。

☐ (4) 昼にふくのは海風か，陸風か。

☐ (5) 夜にふくのは海風か，陸風か。

☐ (6) 太平洋側からユーラシア大陸側へと季節風がふく季節はいつか。

☐ (7) ユーラシア大陸側から太平洋側へと季節風がふく季節はいつか。

② 日本付近の気団と季節ごとの天気

☐ (1) 日本付近にある3つの気団の名前を書け。

☐ (2) 春と秋に日本付近を次々に通過する高気圧を何というか。

☐ (3) つゆの時期にできる停滞前線をとくに何というか。

☐ (4) (3)の前線をつくる2つの気団は何か。

☐ (5) 秋に，(3)の前線と同じようにしてできる停滞前線をとくに何というか。

☐ (6) 夏に勢力が強い気団は何か。

☐ (7) 夏に日本をおおうのは，高気圧か，低気圧か。

☐ (8) 熱帯の海上で発生した熱帯低気圧のうち，中心付近の最大風速が毎秒17.2m以上のものを何というか。

☐ (9) 西高東低の気圧配置になる季節はいつか。

☐ (10) (9)の季節には，どの気団が発達しているか。

☐ (11) 冬の日本海側の天気は，何であることが多いか。

☐ (12) 冬の太平洋側の天気は，何であることが多いか。

答

① (1) 偏西風　(2) 陸　(3) 海　(4) 海風　(5) 陸風　(6) 夏　(7) 冬

② (1) シベリア気団，オホーツク海気団，小笠原気団　(2) 移動性高気圧
(3) 梅雨前線　(4) オホーツク海気団，小笠原気団　(5) 秋雨前線　(6) 小笠原気団　(7) 高気圧
(8) 台風　(9) 冬　(10) シベリア気団　(11) 雪　(12) 晴れ

1 〈季節風〉

右の図のA，Bは，日本付近でふく季節風を示している。次の問いに答えなさい。

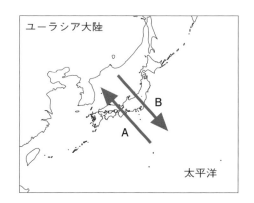

(1) ユーラシア大陸と太平洋では，あたたまりやすいのはどちらか。 [　　　　　]

⚠️ミス注意 (2) ユーラシア大陸側が低気圧，太平洋側が高気圧という気圧の配置になるのは，夏と冬のどちらか。 [　　　　　]

(3) 風は，高気圧と低気圧のどちら側に向かってふくか。 [　　　　　]

(4) AとBの季節風がふく季節を，それぞれ書け。

A [　　　　　]
B [　　　　　]

2 〈日本付近の気団〉 🔑重要

右の図は，日本付近の3つの気団を示している。次の問いに答えなさい。

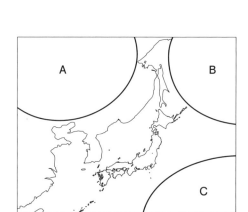

(1) 図中のA～Cの気団の名前を，次のア～エからそれぞれ選び，記号で答えよ。

A [　　　]
B [　　　] C [　　　]

ア 小笠原気団

イ オホーツク海気団

ウ 揚子江気団

エ シベリア気団

(2) 図中のA～Cから，温度が低い気団を2つ選び，記号で答えよ。 [　　　] [　　　]

(3) 図中のA～Cから，湿った気団を2つ選び，記号で答えよ。 [　　　] [　　　]

(4) つゆの時期に梅雨前線ができるのは，どの2つの気団の境界か。図中のA～Cから2つ選び，記号で答えよ。 [　　と　　]

(5) 秋にできる，梅雨前線と同じような前線を何というか。 [　　　　　]

3 〈夏の天気〉

右の図は，夏の代表的な天気図を示している。次の問いに答えなさい。

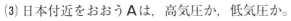

(1) 夏にふく季節風（きせつふう）の風向を，次の**ア～エ**から選び，記号で答えよ。　[　　　]

　ア　北東　　　**イ**　北西
　ウ　南東　　　**エ**　南西

(2) 夏に発達するのは，何という気団か。
　　　　　　　　　　　　　　　[　　　　　　]

(3) 日本付近をおおう**A**は，高気圧か，低気圧か。　　　　　[　　　　　]

(4) 夏の日本付近の天気の特徴を，次の**ア～エ**から選び，記号で答えよ。　[　　　]

　ア　蒸（む）し暑い，晴れの日が多い。
　イ　雨の多い，ぐずついた天気が長期間続く。
　ウ　日本海側では降水が多くなり，太平洋側では乾燥（かんそう）した晴れの日が多くなる。
　エ　寒い日とあたたかい日が，周期的に変わる。

4 〈冬の天気〉重要

右の図は，冬の日本付近の天気図の一部を示している。次の問いに答えなさい。

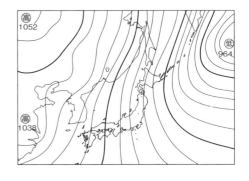

(1) 図のように，冬に特徴的な気圧配置を何というか。　[　　　　　]

(2) 冬に発達するのは，何という気団か。
　　　　　　　　　　　　　　　[　　　　　　]

(3) 冬の日本の天気はどうなるか。次の**ア～エ**から選び，記号で答えよ。　[　　　]

　ア　日本海側も太平洋側も，晴れの日が多い。
　イ　日本海側は晴れの日が多く，太平洋側は雪の日が多い。
　ウ　日本海側は雪の日が多く，太平洋側は晴れの日が多い。
　エ　日本海側も太平洋側も，雪の日が多い。

ヒント

3 (2) 陸上の気温が海上の気温よりも高くなると，陸上の気圧が海上の気圧よりも低くなる。
3 (3) 大陸上にできる気団は乾燥していて，海上にできる気団は湿（しめ）っている。
(4) 停滞前線（ていたいぜんせん）である梅雨前線（ばいうぜんせん）は，ほぼ同じ勢力の湿った気団どうしがぶつかることによってできる。
4 冬の北西の季節風は日本海上で多量の水蒸気をふくみ，日本海側に雪を降らせる。

標 準 問 題

▶答え　別冊p.22

1 〈大気の動き〉
右の図は，地球規模（きぼ）での大気の動きを示したものである。次の問いに答えなさい。

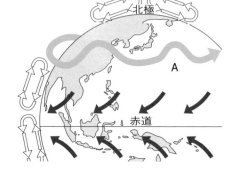

(1) 日本が位置する中緯度帯（いど）の，西から東へのAの大気の流れを何というか。　　　　[　　　　]

⚠ミス注意 (2) Aの矢印で示された大気の流れのほかに，日本の気象に深い関係がある大気の動きとして，次の①〜③がある。それぞれの名前を書け。

① 海岸付近で，昼に陸が海よりあたたまることによって生じる風　　[　　　　　　]

② 海岸付近で，夜に陸が海より冷えることによって生じる風　　[　　　　　　]

③ ユーラシア大陸と太平洋との間で，夏と冬で反対の向きにふく風　　[　　　　　　]

2 〈春の天気〉
右の図は，4月の日本付近の天気図の一部を示したもので，図中のAは西から東へ向かって動いている。次の問いに答えなさい。

(1) Aの高気圧を何というか。　[　　　　　　]

🏠がつく (2) Aが西から東へ向かって動くのはなぜか。簡単に説明せよ。

[　　　　　　　　　　　　　　　　　　　　　　　　　　　]

(3) この季節の天気の特徴を，次のア〜エから選び，記号で答えよ。　　[　　　]

ア　晴天と雨天を周期的にくり返す。　　　イ　雨の多いじめじめした日が長期間続く。

ウ　蒸（む）し暑い晴天の日が長期間続く。　　　エ　夕立のようなにわか雨や雷雨が多い。

(4) 図で示したような天気図になりやすいのはいつか。次から選び，記号で答えよ。　　[　　　]

ア　6月　　　イ　8月　　　ウ　10月　　　エ　12月

3 〈台風（たいふう）〉 🔑重要
右の図は，9月の日本付近の天気図の一部を示している。次の問いに答えなさい。

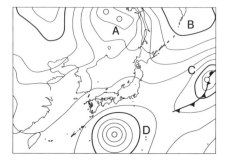

(1) 図中のA〜Dから台風を選び，記号で答えよ。

[　　　　]

(2) 台風の中心部分の気圧は，まわりよりも高いか，低いか。　　　　[　　　　]

(3) 台風の特徴を，次の**ア〜オ**からすべて選び，記号で答えよ。　　　　　　[　　　　　]

　　ア　冷たく乾燥した空気でできている。

　　イ　大量の雨をともなう。

　　ウ　中心付近の最大風速が非常に強い。

　　エ　北の高緯度の地方で発生する。

　　オ　目とよばれる中心部分があり，そのまわりにたくさんの積乱雲ができる。

(4) 次の文章は，台風の進路について説明したものである。①〜③の[　]に適当な語を入れ，文章を完成させよ。　　　　　① [　　　　　] ② [　　　　　] ③ [　　　　　]

　　　台風は，最初は北西に進み，太平洋高気圧のふちに沿うように，北東に進む傾向がある。したがって，小笠原気団の勢力が強く，太平洋高気圧が日本をおおっているときには，台風が日本に上陸する可能性は[　①　]。しかし，小笠原気団の勢力が弱まってくると，台風の進路がしだいに[　②　]にずれて，台風が日本に上陸する可能性が[　③　]なる。

4 〈季節による天気の特徴〉●重要

　　右の2つの図は，それぞれ日本のある月の天気図の一部を示している。次の問いに答えなさい。

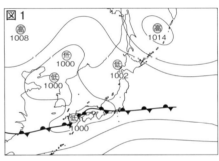

(1) 図1と図2は何月のものか。次の**ア〜エ**からそれぞれ選び，記号で答えよ。

　　　　　　図1 [　　] 図2 [　　]

　　ア　4月　**イ**　6月　**ウ**　8月　**エ**　12月

(2) 図1の停滞前線の名前を書け。　　[　　　　　]

(3) 図2の時期に勢力が強いのは，何という気団か。

　　　　　　　　　[　　　　　]

(4) 図1と図2の時期の天気の特徴を，次の**ア〜エ**からそれぞれ選び，記号で答えよ。

　　　　　　図1 [　　] 図2 [　　]

　　ア　日本全体で，雨やくもりの日が長期間続く。

　　イ　日本全体で，蒸し暑い晴れの日が長期間続く。

　　ウ　日本海側は雪の日が多く，太平洋側は晴れの日が多い。

　　エ　日本海側は晴れの日が多く，太平洋側は雪の日が多い。

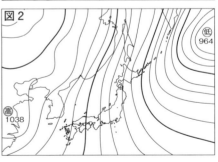

(5) 次の文章は，図2の日本付近で起きていることを説明したものである。①〜③の[　]に適当な語を入れ，文章を完成させよ。

　　　　　　① [　　　　　] ② [　　　　　] ③ [　　　　　]

　　　図2の時期の季節風は，もともとは乾燥しているが，[　①　]の上を通過する間に多量の水蒸気をふくむ。これが日本列島の山脈にぶつかると，強い[　②　]が生じて雲が発達し，多量の雪を降らせる。その結果，[　③　]した風が山脈の反対側を下っていく。

実力アップ問題

◎制限時間**40**分
◎合格点**80**点
▶答え 別冊p.22

[　　　　] 点

---

1 次の実験について，あとの問いに答えなさい。

〈(1)7点，(2)〜(6)3点×6〉

〔実験〕① 室温が25℃の部屋にくみおきしておいた水を，金属製の
コップに半分ぐらい入れた。

② 右の図のように，氷を入れた試験管をコップの中に入れて水温を
下げると，15℃でコップの表面がくもり始めた。

③ 気温と飽和水蒸気量の関係を示した下の表を使って，部屋の湿度
x〔%〕を求めた。

温度計
試験管
コップ

気　温〔℃〕	0	5	10	15	20	25	30	35
飽和水蒸気量〔g/m³〕	4.8	6.8	9.4	12.8	17.3	23.1	30.4	39.6

(1) この実験で金属製のコップを使っているのは，金属にどのような性質があるからか。簡単に
説明せよ。

(2) この部屋の空気1m³にふくまれる水蒸気は何gか。

(3) xの値を，小数第2位を四捨五入して答えよ。

(4) 室温が20℃の別の部屋で同じ実験をしても，コップの表面がくもりはじめる水温は15℃で
あった。この部屋の湿度をy〔%〕とすると，xとyの関係はどうなるか。次の**ア〜ウ**から選び，
記号で答えよ。

ア $x>y$ 　　　**イ** $x=y$ 　　　**ウ** $x<y$

(5) 別の日に，室温が25℃の部屋で同じ実験をすると，20℃でコップの表面がくもりはじめた。
このときの部屋の湿度をz〔%〕とすると，xとzの関係はどうなるか。次の**ア〜ウ**から選び，
記号で答えよ。

ア $x>z$ 　　　**イ** $x=z$ 　　　**ウ** $x<z$

(6) 次の文章は，雲のでき方を説明したものである。①，②の[　]に適当な語を入れ，文章を完
成させよ。

地表付近の空気があたためられると，上昇気流が発生する。空気が上昇するとまわりの気
圧が[　①　]ため，空気はぼう張する。すると，空気の温度が下がって[　②　]に達し，空
気中の水滴や氷の結晶になり，雲ができる。

(1)							
(2)		(3)		(4)		(5)	
(6) ①		②					

2 図1は，3月の日本付近の天気図の一部を示したもので
ある。次の問いに答えなさい。　　　　　　〈2点×9〉

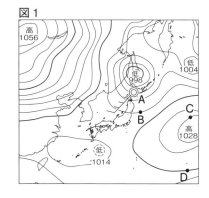

図1

(1) 地点**A**の天気図記号が示している天気，風力，風向を
書け。ただし，風向は8方位で答えよ。

(2) 地点**B**の気圧は何hPaか。

(3) 地点**A**～**D**のうち，最も風力が大きいと考えられるの
はどこか。記号で答えよ。

(4) 地点**C**，**D**でふく風の向きについての説明で正しいも
のを，次の**ア**～**エ**から選び，記号で答えよ。

　ア　地点**C**では北東の風がふき，地点**D**では南西の風がふく。

　イ　地点**C**では北西の風がふき，地点**D**では南東の風がふく。

　ウ　地点**C**では南東の風がふき，地点**D**では北西の風がふく。

　エ　地点**C**では南西の風がふき，地点**D**では北東の風がふく。

(5) 地点**C**での気流と雲のできやすさについての説明で正しいものを，次の**ア**～**エ**から選び，記
号で答えよ。

　ア　下降気流が発生しているため，雲ができやすい。

　イ　下降気流が発生しているため，雲ができにくい。

　ウ　上昇気流が発生しているため，雲ができやすい。

　エ　上昇気流が発生しているため，雲ができにくい。

(6) 図2は，図1の1日前の天気図の一部を示したもので
ある。低気圧や高気圧の中心がこのように移動するの
は，日本の上空に何という風がふいているからか。

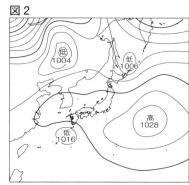

図2

(7) (6)の風の特徴を，次の**ア**～**エ**からすべて選び，記号で
答えよ。

　ア　日本が位置する中緯度帯の上空で，春と秋にだけ
ふく。

　イ　日本が位置する中緯度帯の上空で，1年中ふく。

　ウ　緯度に関係なく，地球上の上空でどこでも，春と秋にだけふく。

　エ　緯度に関係なく，地球上の上空でどこでも，1年中ふく。

(1)	天気		風力		風向		(2)		(3)	
(4)		(5)		(6)		(7)				

3 右の図は, 低気圧のまわりにできる前線を示したものである。次の問いに答えなさい。 〈2点×9〉

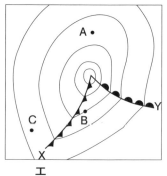

(1) 地表付近が暖気におおわれているのは, 地点**A~C**のどれか。記号で答えよ。

(2) **X**, **Y**の前線の名前を, それぞれ書け。

(3) **X**, **Y**の前線付近の空気のようすは, どのようになっているか。次の**ア~エ**からそれぞれ選び, 記号で答えよ。

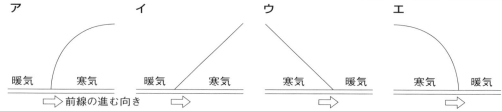

(4) **X**の前線付近には, どのような雲ができるか。次の**ア~オ**からすべて選び, 記号で答えよ。

　　ア 高層雲　　**イ** 乱層雲　　**ウ** 積乱雲　　**エ** 積雲　　**オ** 巻層雲

(5) 地点**B**の天気は, この後どのようになると考えられるか。次の**ア~エ**から選び, 記号で答えよ。

　　ア 弱い雨が短時間降ってすぐにやみ, だんだん晴れていく。

　　イ 弱い雨が長時間降り続く。

　　ウ 強い雨が短時間降ってすぐにやみ, だんだん晴れていく。

　　エ 強い雨が長時間降り続く。

(6) 右の図は, ある地点を前線が通過したときの気圧と気温の変化を1時間ごとに記録したものである。次の①, ②に答えよ。

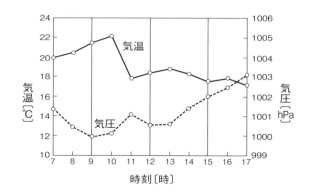

　　① この地点を通過したと考えられる前線の名前を書け。

　　② 前線がこの地点を通過したのは, 何時から何時の間か。次の**ア~エ**から選び, 記号で答えよ。

　　ア 9時から10時の間　　　**イ** 10時から11時の間

　　ウ 11時から12時の間　　　**エ** 16時から17時の間

(1)		(2)	X		Y		(3)	X		Y
(4)			(5)		(6)	①			②	

4 次の2つの実験を行った。あとの問いに答え
なさい。 〈(1)・(3)4点×2，(2)・(4)5点×2〉

〔実験1〕図1のように，重さをはかってあ
る空き缶（かん）に空気をつめこんでから，再び空
き缶の重さをはかった。

〔実験2〕図2のように，空気を少し入れた
風船を真空調理器に入れ，調理器内の空気
を抜（ぬ）いていき，風船がどうなるかを調べた。

図1　　　　　　　　　図2

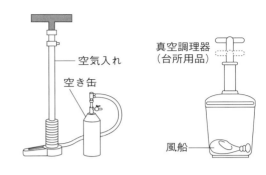

(1) 実験1で空気をつめこんだ空き缶の重さは，
空気をつめる前とくらべてどうなったか。次のア～ウから選び，記号で答えよ。

　ア　軽くなった。　　イ　変わっていなかった。　　ウ　重くなった。

(2) (1)のようになるのはなぜか。簡単に説明せよ。

(3) 実験2の風船はどうなったか。次のア～ウから選び，記号で答えよ。

　ア　しぼんだ。　　イ　変わらなかった。　　ウ　ふくらんだ。

(4) (3)のようになるのはなぜか。簡単に説明せよ。

(1)		(2)	
(3)		(4)	

5 右の図は，ユーラシア大陸から日本列島に向かって
季節風（きせつふう）がふくようすを示したものである。次の問い
に答えなさい。 〈3点×7〉

(1) 図で示した季節風がふく季節はいつか。

(2) 季節風は，海陸風（かいりくふう）の大規模なものであると考える
ことができる。図で示した季節風は，海風（うみかぜ），陸風（りくかぜ）のどちらにあたるといえるか。

(3) 図中のA，B，Cの部分の大気のふくむ水蒸気量は，それぞれどうなっているか。

(4) 図中のa，bの部分の天気の特徴を，次のア～エからそれぞれ選び，記号で答えよ。

　ア　よく晴れた日になることが多い。

　イ　雷（かみなり）をともなった強い雨が，短時間に集中して降ることが多い。

　ウ　大量の雪が降ることが多い。

　エ　弱い雨が長期間降り続け，晴れる日がほとんどない。

(1)		(2)				
(3) A		B		C	(4) a	b

①電流の流れ方

重要ポイント

① 回路の電流と電圧

^{→電気用図記号で示したものを回路図という。}

□ **回路**…**電流が通る道すじ。**
　電源の＋極^{プラス}から出て，電源の－極^{マイナス}にもどる。

電気器具	電 源	電 球	スイッチ	電流計	電圧計
電気用図記号	⊣⊢ (－極)(＋極)	⊗	／	Ⓐ	Ⓥ

□ **直列回路**^{ちょくれつかいろ}…道すじが**1本道になっている**（直列つなぎになっている）回路。

□ **並列回路**^{へいれつかいろ}…道すじが**枝分かれしている**（並列つなぎになっている）回路。

□ **回路を流れる電流**…単位には<u>アンペア</u>（記号 **A**）を使う。電流を記号Iで表すと，
^{→電流の大きさは電流計ではかる。}　^{→1 A＝1000 mA}

・直列回路
$$I_1 = I_2 = I_3$$

・並列回路
$$I_4 = I_5 + I_6 = I_7$$

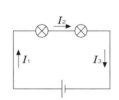
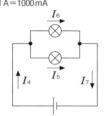

□ **電圧**…**電流を流そうとするはたらきの大きさを表す量。**
　単位には<u>ボルト</u>（記号 **V**）を使う。

□ **回路に加わる電圧**…電圧を記号Vで表すと，
^{→電圧は電圧計ではかる。}

・直列回路
$$V_1 = V_2 + V_3$$

・並列回路
$$V_4 = V_5 = V_6$$

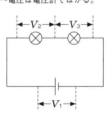
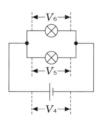

> **電流計と電圧計の使い方**
> ・電流計は直列に，電圧計は並列につなぐ。
> ・電源の＋極側の導線を電流計の＋端子^{たんし}に，電源の－極側の導線を電流計の－端子につなぐ。
> ・電流の大きさや電圧の大きさが予想できないときは，最も大きな値がはかれる－端子につなぎ，指針^{ししん}の振れによってつなぎかえる。
> ・つないだ－端子の値は，目盛りいっぱいに指針が振れたときの電流や電圧の値を示している。

② 電流と電圧の関係と抵抗^{ていこう}

□ **抵抗**…電流の流れにくさを表す量。単位には<u>オーム</u>（記号 **Ω**）を使う。

□ **オームの法則**…電圧をV〔V〕，電流をI〔A〕，抵抗をR〔Ω〕とすると，<u>$V = RI$</u>
^{→電流は電圧に比例する。}

□ **合成抵抗**…^{全体の抵抗は，各部分の抵抗の和に等しい。}直列回路では，<u>$R = R_1 + R_2$</u>　並列回路では，<u>$\dfrac{1}{R} = \dfrac{1}{R_1} + \dfrac{1}{R_2}$</u>

□ **物質の種類と電気抵抗**　^{全体の抵抗は，各部分の抵抗の値よりも小さい。}

・**導体**^{どうたい}…抵抗が小さく，**電流を通しやすい物質。**
^{→金属や炭素(黒鉛)など。}

・**絶縁体**^{ぜつえんたい}…抵抗が非常に大きく，**電流をほとんど通さない物質。**
^{→プラスチックやガラス，ゴムなど。}

ポイント 一問一答

① 回路の電流と電圧

- □ (1) 電流が通る道すじを何というか。
- □ (2) 道すじが1本道になっている回路を何というか。
- □ (3) 道すじが枝分かれしている回路を何というか。
- □ (4) 電流を流そうとするはたらきの大きさを表す量を，何というか。
- □ (5) 次の文章の①，②にあてはまる言葉は何か。

  直列回路では，回路のどの点でも，電流は（ ① ）大きさである。また，並列回路では，枝分かれした電流の大きさの（ ② ）は，枝分かれの前の電流の大きさに等しい。

- □ (6) 次の文章の①，②にあてはまる言葉は何か。

  直列回路では，各部分に加わる電圧の（ ① ）が，全体に加わる電圧に等しい。また，並列回路では，各部分に加わる電圧は（ ② ）で，全体に加わる電圧に等しい。

- □ (7) 電流計ははかりたい部分に直列につなぐか，並列につなぐか。
- □ (8) 電圧計ははかりたい部分に直列につなぐか，並列につなぐか。

② 電流と電圧の関係と抵抗

- □ (1) 電流の流れにくさを表す量を何というか。
- □ (2) 抵抗器や電熱線に加えた電圧と，そのときに流れる電流には，どのような関係があるか。
- □ (3) (2)の関係があることを，何の法則というか。
- □ (4) 金属や炭素などのように，抵抗が小さく，電流を通しやすい物質を何というか。
- □ (5) プラスチックやガラスなどのように，抵抗が非常に大きく，電流をほとんど通さない物質を何というか。

答

① (1) 回路 (2) 直列回路 (3) 並列回路 (4) 電圧 (5) ① 同じ ② 和

(6) ① 和 ② 同じ (7) 直列 (8) 並列

② (1) 抵抗 (2) 比例関係 (3) オームの法則 (4) 導体 (5) 絶縁体

基礎問題

▶答え　別冊p.23

1 〈電流計と電圧計〉
図1は、電流計と電圧計で回路の電流と電圧を測定するようすを示している。次の問いに答えなさい。

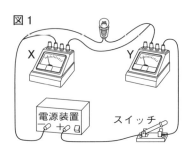

図1

(1) 電流計は図1のX，Yのどちらか。　　[　　　]

(2) 図1の回路を示した回路図を，次の**ア〜エ**から選び，記号で答えよ。　　[　　　]

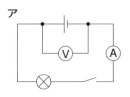　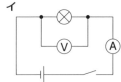　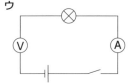　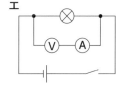

ア　　　　　　　イ　　　　　　　ウ　　　　　　　エ

(3) 次の文章は，電流計や電圧計の使い方を説明したものである。①，②の[　]に適当な語を入れ，文章を完成させよ。　　①[　　　　]　②[　　　　]

電流計や電圧計の＋端子は，電源装置の[　①　]極側の導線とつなぐ。また，流れる電流や加わる電圧の大きさがわからないときには，まずは最も[　②　]値がはかれる－端子を使う。

図2

⚠ミス注意 (4) 電流計の5A端子につないで図2のようになったとき，電流は何Aか。　　[　　　]

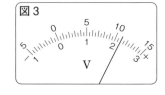

図3

⚠ミス注意 (5) 電圧計の300V端子につないで図3のようになったとき，電圧は何Vか。　　[　　　]

2 〈回路の電流と電圧〉🔑重要
2個の豆電球を使って，図1，図2の回路図で示されるような回路をつくった。図中のI_1〜I_7は各部分で測定した電流の大きさ，V_1〜V_6は各区間で測定した電圧を示している。次の問いに答えなさい。

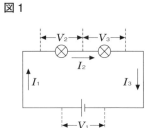

図1

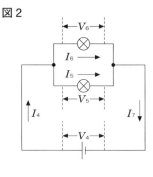

図2

(1) 図1で，$I_2 = 1.8$Aであるとき，I_1，I_3の値はそれぞれ何Aか。

I_1 [　　　　]　I_3 [　　　　]

(2) 図2で，$I_5 = 0.1\,\text{A}$，$I_6 = 0.9\,\text{A}$ であるとき，I_4，I_7 の値はそれぞれ何Aか。

I_4 [   ] I_7 [   ]

(3) 図2で，$I_4 = 0.2\,\text{A}$，$I_6 = 0.05\,\text{A}$ であるとき，I_5，I_7 の値はそれぞれ何Aか。

I_5 [   ] I_7 [   ]

(4) 図1で，$V_2 = 0.9\,\text{V}$，$V_3 = 0.6\,\text{V}$ であるとき，V_1 の値は何Vか。　　　[   ]

(5) 図1で，$V_1 = 3.0\,\text{V}$，$V_3 = 1.0\,\text{V}$ であるとき，V_2 の値は何Vか。　　　[   ]

(6) 図2で，$V_4 = 1.2\,\text{V}$ であるとき，V_5，V_6 の値はそれぞれ何Vか。

V_5 [   ] V_6 [   ]

---

3 〈電流と電圧の関係〉

右の図は，ある電熱線**X**の両端に加える電圧を変化させたとき，電流の大きさがどうなるかを調べた結果を示している。次の問いに答えなさい。

(1) 電熱線**X**に9Vの電圧を加えると，何Aの電流が流れるか。　　　　[   ]

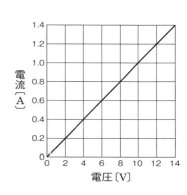

(2) 電熱線**X**に400mAの電流が流れるようにするには，何Vの電圧を加えればよいか。

[   ]

(3) 電熱線**X**を流れる電流と電圧の間に図のような関係があることを，何の法則というか。

[   ]

---

4 〈オームの法則〉 🔑重要

右の図中のVは加えた電圧，Iは流れた電流の大きさ，Rは電球の抵抗を示している。次の問いに答えなさい。

(1) $I = 0.15\,\text{A}$，$R = 10\,\Omega$ のとき，V は何Vか。

[   ]

(2) $I = 0.3\,\text{A}$，$V = 1.5\,\text{V}$ のとき，R は何Ωか。

[   ]

(3) $V = 2.5\,\text{V}$，$R = 5\,\Omega$ のとき，I は何Aか。　[   ]

💡 **ヒント**

1 (4)(5) 電流計や電圧計の−端子の値は，目盛りいっぱいに指針が振れたときの値を示している。

2 並列回路では，枝分かれした各部分の電流の大きさの和が，枝分かれの前後の電流の大きさに等しい。
直列回路では，各部分に加わる電圧の和が，全体に加わる電圧に等しい。

4 電圧をV〔V〕，電流をI〔A〕，抵抗をR〔Ω〕とすると，オームの法則は，$V = RI$

1 〈電流計・電圧計〉

図1のような電気器具を使って，電熱線Xに加わる電圧と流れる電流の関係を調べる実験をした。次の問いに答えなさい。

図1

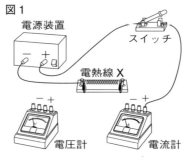

(1) 図1で電圧計と電流計を正しくつないだ状態の回路図を，上の▢の中にかけ。

(2) 電流計の指針が図2のようになった。使用した－端子が次の①～③のとき，電流計の値は何Aか。

①5Aの－端子　　　　　　　　[　　　　　]

②500mAの－端子　　　　　　[　　　　　]

③50mAの－端子　　　　　　 [　　　　　]

図2

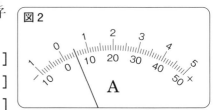

(3) 電圧計の指針が図3のようになった。使用した－端子が次の①～③のとき，電圧計の値は何Vか。

①300Vの－端子　　　　　　 [　　　　　]

②15Vの－端子　　　　　　　[　　　　　]

③3Vの－端子　　　　　　　 [　　　　　]

図3

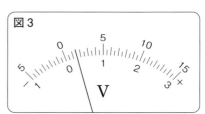

2 〈回路の電流と電圧〉 🔑重要

2本の電熱線（R_1とR_2）を使って，右の図のような直列回路と並列回路をつくり，回路中の電流や電圧を測定した。次の問いに答えなさい。

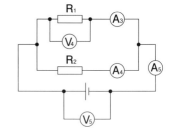

(1) 電流計A_1は0.4Aを示していた。電流計A_2の値は何Aか。　　　　　　　　　　[　　　　　]

(2) 電流計A_3は0.6A，電流計A_4は0.3Aを示していた。電流計A_5の値は何Aか。　[　　　　　]

(3) 電圧計V_1は4.0V，電圧計V_3は12.0Vを示していた。電圧計V_2の値は何Vか。　[　　　　　]

(4) 電圧計V_4は6.0Vを示していた。電圧計V_5の値は何Vか。　　　　　　　　　　[　　　　　]

3 〈直列・並列を組み合わせた回路〉 🏠がっく

3個の豆電球（X，Y，Z）を，右の図のように6Vの電池につないだ。次の問いに答えなさい。

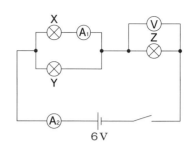

(1) スイッチを入れると，電流計A_1は24mA，電流計A_2は36mAを示した。豆電球Y，Zを流れる電流は，それぞれ何mAか。　Y [　　　　] Z [　　　　]

(2) 電圧計Vは3.5Vを示した。豆電球X，Yに加わる電圧はそれぞれ何Vか。　X [　　　　] Y [　　　　]

4 〈電流と電圧の関係〉 🔑重要

抵抗の異なる2本の電熱線A，Bを図1のようにつなぎ，電源の電圧を変えながら，回路に流れる電流の大きさをはかった。図2は，電熱線A，Bのそれぞれについて，その両端に加えた電圧と電流の関係を示したものである。次の問いに答えなさい。

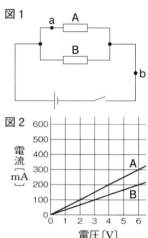

⚠ミス注意 (1) 電源の電圧が4.0Vのとき，回路の**a**点を流れる電流は何Aか。　　　　　　　　　　　　　　　　　　　　[　　　　]

⚠ミス注意 (2) 回路の**a**点を流れる電流が300mAのとき，**b**点を流れる電流は何Aか。　　　　　　　　　　　　　　[　　　　]

(3) 電源の電圧を連続して変化させたとき，**b**点を流れる電流の大きさはどのように変化するか。図2にかきこめ。

(4) 電熱線A，Bを直列につなぎ，その両端に加える電圧を連続して変化させたとき，回路に流れる電流の大きさはどのように変化するか。図2にかきこめ。

5 〈抵抗〉

右の図は，電熱線A～Dに電流を流したときの電流と電圧の関係を示している。次の問いに答えなさい。

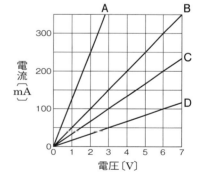

(1) 最も電流が流れやすい電熱線はどれか。A～Dから選び，記号で答えよ。　　　　　　　[　　　　]

⚠ミス注意 (2) 電熱線Dの抵抗は何Ωか。　[　　　　]

(3) 電熱線A～Dのように，抵抗が小さく，電流を通しやすい物質を何というか。　[　　　　]

(4) (3)の物質であるものを，次のア～オからすべて選び，記号で答えよ。　[　　　　]

ア ゴム　　イ 銅　　ウ プラスチック　　エ 鉄　　オ ガラス

(5) (4)で選ばなかったものは，抵抗が非常に大きく，電流をほとんど通さない物質である。そのような特徴をもつ物質を何というか。　　　　　　　　　　　[　　　　]

標準問題 2

▶答え　別冊p.25

1 〈直列回路の電流・電圧・抵抗〉 ●ーo重要

右の図のように，抵抗がR_1〔Ω〕，R_2〔Ω〕の抵抗器R_1，R_2を直列につないだ回路をつくった。次の問いに答えなさい。

(1)次の文章は，直列回路全体の抵抗について説明したものである。①〜⑥の[　]に適当な式や記号を入れ，文章を完成させよ。

① [　　　　] ② [　　　　] ③ [　　　　]
④ [　　　　] ⑤ [　　　　] ⑥ [　　　　]

　電圧計V_1，V_2，V_3が示す値をそれぞれV_1〔V〕，V_2〔V〕，V_3〔V〕とすると，直列回路に加わる電圧の性質から，[　①　]

　また，回路を流れる電流をI〔A〕，全体の抵抗をR〔Ω〕とすると，オームの法則から，

　[　②　]$=RI$，[　③　]$=R_1I$，[　④　]$=R_2I$

であるから，これらを①に代入すると，[　⑤　]

　よって，$R=$[　⑥　]

(2)電流計Aが0.2A，電圧計V_2が4Vを示し，$R_1=10$〔Ω〕であるとき，次の①，②に答えよ。

① 電圧計V_1が示す値は何Vか。 [　　　　]
② 回路全体の抵抗は何Ωか。 [　　　　]

(3)電流計Aが0.18A，電圧計V_3が18Vを示し，$R_2=60$〔Ω〕であるとき，次の①，②に答えよ。

① 回路全体の抵抗は何Ωか。 [　　　　]
② 抵抗器R_1の抵抗は何Ωか。 [　　　　]

⚠️ミス注意 (4)電圧計V_1が6Vを示し，$R_1=20$〔Ω〕，$R_2=30$〔Ω〕であるとき，次の①〜③に答えよ。

① 回路全体の抵抗は何Ωか。 [　　　　]
② 電流計Aが示す値は何Aか。 [　　　　]
③ 電圧計V_2，V_3が示す値は，それぞれ何Vか。　　V_2[　　　　]　V_3[　　　　]

2 〈並列回路の電流・電圧・抵抗〉 ●ーo重要

右の図のように，抵抗がR_1〔Ω〕，R_2〔Ω〕の抵抗器R_1，R_2を並列につないだ回路をつくった。次の問いに答えなさい。

(1)次の文章は，並列回路全体の抵抗について説明したものである。①〜⑥の[　]に適当な式や記号を入れ，文章を完成させよ。

① [　　　] ② [　　　] ③ [　　　]
④ [　　　] ⑤ [　　　] ⑥ [　　　]

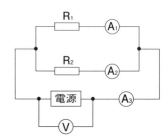

電流計 A₁, A₂, A₃ が示す値をそれぞれ I_1〔A〕, I_2〔A〕, I_3〔A〕とすると, 並列回路を流れる電流の性質から, [①]

また, 回路に加わる電圧を V〔V〕, 全体の抵抗を R〔Ω〕とすると, オームの法則から,

[②]$=\dfrac{V}{R}$,　　[③]$=\dfrac{V}{R_1}$,　　[④]$=\dfrac{V}{R_2}$

であるから, これらを①に代入すると, [⑤]

よって, $\dfrac{1}{R}=$[⑥]

(2) 電圧計 V が 1.5 V を示し, $R_1=6$〔Ω〕, $R_2=30$〔Ω〕であるとき, 次の①, ②に答えよ。

　① 回路全体の抵抗は何Ωか。　　　　　　　　　　　　　　　[　　　　　]

　② 電流計 A₃ が示す値は何Aか。　　　　　　　　　　　　　[　　　　　]

(3) 電流計 A₁ が 0.3 A, 電流計 A₃ が 0.5 A を示し, $R_1=15$〔Ω〕であるとき, 次の①, ②に答えよ。

　① 電圧計 V が示す値は何Vか。　　　　　　　　　　　　　　[　　　　　]

　② 回路全体の抵抗は何Ωか。　　　　　　　　　　　　　　　[　　　　　]

(4) 電流計 A₁ が 0.5 A, 電流計 A₃ が 2.0 A, 電圧計 V が 12 V を示すとき, 次の①〜③に答えよ。

　① 回路全体の抵抗は何Ωか。　　　　　　　　　　　　　　　[　　　　　]

　② 抵抗器 R₁ の抵抗は何Ωか。　　　　　　　　　　　　　　[　　　　　]

　③ 抵抗器 R₂ の抵抗は何Ωか。　　　　　　　　　　　　　　[　　　　　]

⚠ ミス注意 (5) 電流計 A₃ が 1.5 A を示し, $R_1=20$〔Ω〕, $R_2=30$〔Ω〕であるとき, 次の①〜③に答えよ。

　① 回路全体の抵抗は何Ωか。　　　　　　　　　　　　　　　[　　　　　]

　② 電圧計 V が示す値は何Vか。　　　　　　　　　　　　　　[　　　　　]

　③ 電流計 A₁ が示す値は何Aか。　　　　　　　　　　　　　[　　　　　]

3 〈直列・並列を組み合わせた回路とオームの法則〉 差がつく

抵抗が 10 Ω の電熱線 R₁ と, 抵抗がわからない 2 本の電熱線 R₂ と R₃ を, 右の図のように電源装置につないだ。スイッチを入れると, 図中の電圧計は 10 V, 電流計 A₂ は 0.1 A を示した。また, 電源装置の電流計は 0.5 A を示した。次の問いに答えなさい。

(1) 電流計 A₁ が示す値は何Aか。　　　[　　　　　]

(2) 電熱線 R₁ に加わった電圧は何Vか。　　　　　　　　　　　[　　　　　]

(3) 電熱線 R₂, R₃ の抵抗はそれぞれ何Ωか。　　　R₂ [　　　　　]　R₃ [　　　　　]

(4) 電源装置が回路全体に加えた電圧は何Vか。　　　　　　　　[　　　　　]

(5) この回路全体の抵抗は何Ωか。　　　　　　　　　　　　　　[　　　　　]

② 電流による発熱・発光

重要ポイント

① エネルギーと電力

☐ **エネルギー**…光や音，熱を発生させたり，物体を動かしたりする能力。

☐ **電気エネルギー**…電気がもつエネルギー。

☐ **電力**…一定時間に使う電気エネルギーの大きさ。電気器具などが，熱や光，音を出したり，物体を動かしたりできる能力を示す。単位にはワット(記号 W)を使う。

　　　　電力〔W〕＝電圧〔V〕×電流〔A〕

☐ **消費電力**…電気器具に表示された電力の値は，最大で消費する電力の大きさを示す。
└→表示された電圧で使用した場合の電力を示している。
電熱線やモーターなどでは，消費電力が大きいほど器具のはたらきが大きい。並列回路では，全体の消費電力は各器具の消費電力の和に等しい。
└→家庭の電気器具は並列につながっている。

② 電流による発熱と熱量

☐ **熱**…物体の温度を変化させる原因になるもの。高温の物体から低温の物体へ移動する。
高温の物体は冷え，低温の物体はあたたまる。

☐ **熱量**…物体に出入りする熱の量。単位にはジュール(記号 J)を使う。

☐ **電流による発熱**…水中の電熱線に電流を流すと，熱が発生して水の温度が上昇する。

① 電力が一定の場合，**水の上昇温度**や発生した熱の量は，電熱線に電流を流した**時間に比例**する。

② 電流を流した時間が一定の場合，**水の上昇温度**は**電力の大きさに比例**する。

☐ **発熱量**…発生した熱の量。電流による**発熱量**は，電力と時間の積で表される。また，水1gの温度を1℃上げるのに必要な熱量は，約4.2Jである。

　　　　熱量〔J〕＝電力〔W〕×時間〔s〕
　　　　　　　└時間の単位である「秒」を示す記号
　　　水が受けとった熱量〔J〕
　　　└→熱の一部は逃げるため，(発熱量)＞(水が受けとった熱量)となる。
　　　＝4.2〔J/(g・℃)〕×水の質量〔g〕×上昇した温度〔℃〕

☐ **電力量**…電気器具などが消費した電気エネルギーの大きさ。単位にはワット時(記号 Wh)やジュール(J)などを使う。
└→1kWh＝1000Wh
└→発熱量と同じ単位
　　　　電力量〔Wh〕＝電力〔W〕×時間〔h〕
　　　　　　　└時間の単位である「時間」を示す記号
　　　1〔Wh〕＝1〔W〕×1〔h〕＝1〔W〕×3600〔s〕＝3600〔J〕

電流による発熱の例

※グラフの傾きは，水の量や気温などの条件によって異なる

① 時間と水の上昇温度

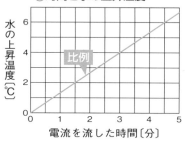

（縦軸：水の上昇温度〔℃〕，横軸：電流を流した時間〔分〕，比例）

② 電力と水の上昇温度

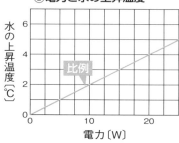

（縦軸：水の上昇温度〔℃〕，横軸：電力〔W〕，比例）

●電力〔W〕＝電圧〔V〕×電流〔A〕の関係は必ずおぼえておく。決まった抵抗の電熱線などに電流が流れるときには，電圧か電流のどちらかが変化すれば，もう一方も変化することに注意。
●熱量〔J〕＝電力〔W〕×時間〔s〕で求められる。

ポイント 一問一答

① エネルギーと電力

☐ (1) 電気がもつエネルギーのことを何というか。

☐ (2) 電気器具などが，一定時間に使う電気エネルギーの大きさを何というか。

☐ (3) 熱量を求める次の式の，①にあてはまる単位と，②，③にあてはまる言葉をそれぞれ答えよ。

　　電力〔（ ① ）〕＝（ ② ）〔V〕×（ ③ ）〔A〕

☐ (4) 100 Vの電圧のもとで，消費電力が60 Wの電球と100 Wの電球では，どちらのほうが明るく光るか。

② 電流による発熱と熱量

☐ (1) 高温の物体から低温の物体に移動し，物体の温度を変化させる原因になるものを何というか。

☐ (2) (1)が高温の物体から低温の物体に移動すると，低温の物体の温度はどうなるか。

☐ (3) 水中の電熱線に電流を流すと，水の温度はどうなるか。

☐ (4) 水中の電熱線に電流を流すとき，電力が一定の場合には，発生する熱の量と電流を流した時間にはどのような関係があるか。

☐ (5) 水中の電熱線に電流を流すとき，電流を流す時間が一定の場合には，発生する熱の量と電力の大きさにはどのような関係があるか。

☐ (6) 電熱線に電流を流したときなどに，発生した熱の量のことを何というか。

☐ (7) 電気器具が電流によって消費した電気エネルギーの大きさを何というか。

☐ (8) 電力量を求める次の式の，①，③にあてはまる単位と，②にあてはまる言葉をそれぞれ答えよ。

　　電力量〔（ ① ）〕－（ ② ）〔W〕×時間〔s〕

　　電力量〔（ ③ ）〕＝（ ② ）〔W〕×時間〔h〕

答　① (1) 電気エネルギー　(2) 電力　(3) ① W　② 電圧　③ 電流　(4) 100 Wの電球
② (1) 熱　(2) 上昇する。　(3) 上昇する。　(4) 比例　(5) 比例　(6) 発熱量　(7) 電力量
(8) ① J　② 電力　③ Wh

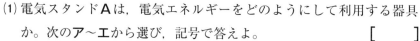

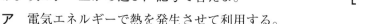

▶答え　別冊p.26

1 〈電気エネルギーと電力〉 **●→重要**

右の図のような電気スタンドＡに100Ｖの電圧を加えると，1.0Ａの電流が流れた。次の問いに答えなさい。

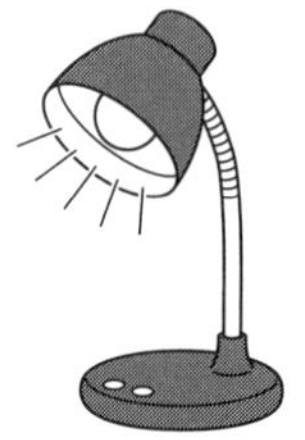

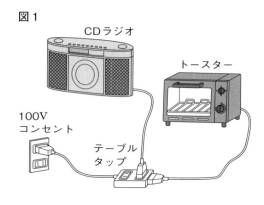

(1) 電気スタンドＡは，電気エネルギーをどのようにして利用する器具か。次の**ア〜エ**から選び，記号で答えよ。　　　[　　　　]

　　ア 電気エネルギーで熱を発生させて利用する。

　　イ 電気エネルギーで音を発生させて利用する。

　　ウ 電気エネルギーで光を発生させて利用する。

　　エ 電気エネルギーで物体を動かして利用する。

(2) この電気スタンドＡが使う電力は何Ｗか。　　　　　　　　　[　　　　　　]

(3) 別の電気スタンドＢに100Ｖの電圧を加えると，0.6Ａの電流が流れた。電気スタンドＡとＢでは，どちらのほうが大きなエネルギーを使うか。記号で答えよ。　　[　　　]

2 〈電気器具の消費電力〉

図1のように，100Ｖのコンセントにさしこんだテーブルタップに，CDラジオとトースターをつないだ。図2は，図1を回路図として示したものである。それぞれの消費電力は，CDラジオが「100Ｖ 10Ｗ」，トースターが「100Ｖ 1000Ｗ」であった。つねにこの電力を消費するものとして，次の問いに答えなさい。

図1

CDラジオ

トースター

100V
コンセント

テーブル
タップ

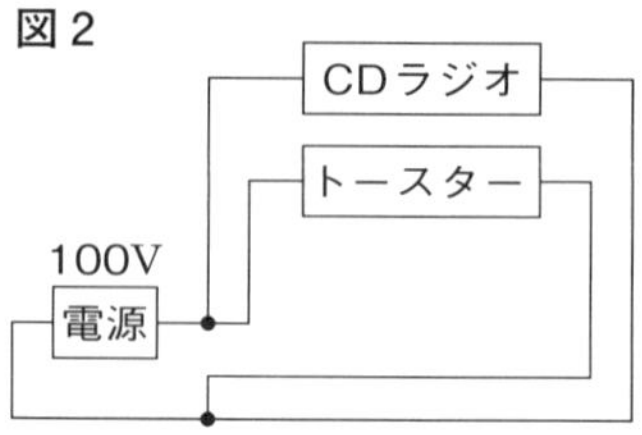

(1) 消費電力が大きいのは，CDラジオとトースターのどちらか。　　　　　　　　　　　　　　　　　　[　　　　]

図2

CDラジオ

トースター

100V
電源

⚠️ ミス注意 (2) CDラジオとトースターに流れる電流はそれぞれ何Ａか。

　　　　　　　CDラジオ [　　　　　　]

　　　　　　　トースター [　　　　　　]

(3) 図2で，回路全体の電流は何Ａか。　　　　　　　　　　　[　　　　　　]

(4) CDラジオとトースターの両方を同時に使用したときに消費される電力は，何Ｗか。次の**ア〜オ**から選び，記号で答えよ。　　　　　　　　　　[　　　　　　]

　　ア 10Ｗ　　　**イ** 100Ｗ　　　**ウ** 1000Ｗ　　　**エ** 1010Ｗ　　　**オ** 10000Ｗ

3 〈電流による発熱〉 **重要**

次の実験について，あとの問いに答えなさい。

〔実験〕① 図1のように電源装置，電流計，電圧計，電熱線をつなぎ，22.0℃の水100gを入れた容器に電熱線を入れた。

② 電圧計が10Vを示すようにして電流を流すと，電流計は0.5Aを示した。

③ 1分ごとに水温を調べ，右の表に結果をまとめた。

図1

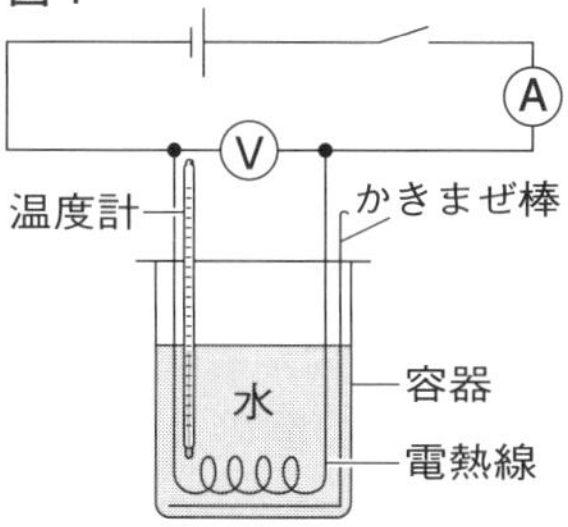

温度計　　　　　かきまぜ棒
水　　　容器
　　　　電熱線

時　間〔分〕	1	2	3	4	5
水　温〔℃〕	22.4	22.9	23.2	23.5	24.0
上昇温度〔℃〕	0.4	0.9	1.2	1.5	2.0

ミス注意 (1) 図2に，電流を流した時間と水の上昇温度を示すグラフをかけ。

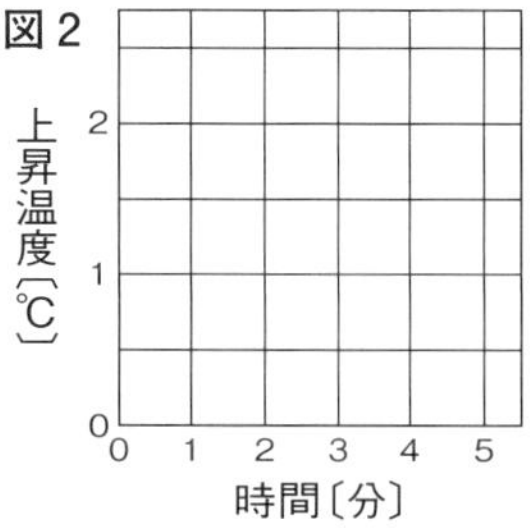

(2) 電熱線が消費する電力は何Wか。　　　[　　　　]

(3) 電熱線で1秒間に発生した熱量は何Jか。　[　　　　]

(4) この実験を10分間行ったとき，電熱線で発生する熱量は何Jか。　　　　　　　　　　　[　　　　]

図2

上昇温度〔℃〕／時間〔分〕

4 〈電力と電力量〉

右の図のような回路で，抵抗が10Ωの電熱線Xと，抵抗が5Ωの電熱線Yに電流を流した。次の問いに答えなさい。

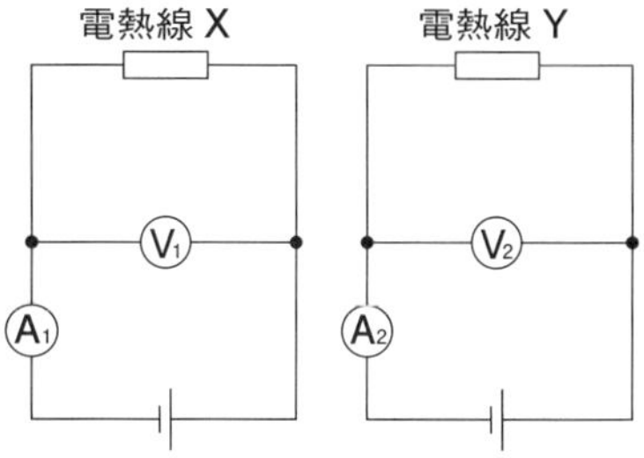

電熱線X　　　電熱線Y

(1) 電流計A_1の示す値が2Aのとき，電熱線Xが消費する電力は何Wか。　　　　　　　[　　　　]

ミス注意 (2) 電流計A_1の示す値が2倍になると，電熱線Xが消費する電力は何倍になるか。　　[　　　　]

(3) 電流計A_1と電流計A_2の示す値が等しいとき，（電熱線Xが消費する電力）：（電熱線Yが消費する電力）の比はどうなるか。次のア～エから選び，記号で答えよ。　[　　　　]
　　ア　1：2　　　イ　1：4　　　ウ　2：1　　　エ　4：1

(4) 電圧計V_2が15Vを示しているとき，そのまま電流を2時間流すと，電熱線Yの電力量は何Whになるか。　　　　　　　　　　　　　[　　　　]

ヒント

① 電力〔W〕＝電圧〔V〕×電流〔A〕

② 「100V 1000W」という消費電力は，100Vの電圧を加えたとき最大で1000Wの電力が消費されることを示している。

③ 熱量〔J〕＝電力〔W〕×時間〔s〕

④ 電力量〔Wh〕＝電力〔W〕×時間〔h〕

標 準 問 題

▶答え　別冊p.27

1 〈電流による発光と電力〉

右の図のように消費電力のちがう2種類の白熱電球AとB
を使って，消費電力による明るさのちがいを調べた。次の問
いに答えなさい。

(1) 電球Aに100Vの電圧を加えたとき，電球に流れる電流は何
mAか。　　　　　　　　　　　　　　　　　　　　　[　　　　　]

(2) 電球AとBの抵抗は，どちらのほうが大きいか。記号で答え
よ。　　　　　　　　　　　　　　　　　　　　　　　　　　　[　　　]

(3) 電球A，Bに，それぞれ100Vの電圧を加えたとき，どちらの電球のほうが明るく光るか。記
号で答えよ。　　　　　　　　　　　　　　　　　　　　　　　　　　[　　　]

⚠ミス注意 (4) 電球AとBを並列につないで電源の電圧を100Vにすると，どちらの電球のほうが明るく光る
か。記号で答えよ。ただし，電球の抵抗は電圧によって変化しないものとする。　[　　　]

(5) (4)のとき，全体の消費電力は何Wになるか。　　　　　　　　　　　[　　　　　]

A 　　　　B

「100V 100W」「100V 60W」

2 〈直列回路での発熱〉 🔑重要

次の実験について，あとの問いに答えなさい。

〔実験〕① 容器X，Yにそれぞれ水を100gずつ入れてしばら
くおいておき，水温を室温と同じにした。

② 抵抗が10Ωの電熱線R_1と抵抗が20Ωの電熱線R_2を使って
右の図のような直列回路をつくり，電熱線R_1，R_2を容器X，
Yの水の中に入れた。

③ 回路に電流を流すと図中の電圧計Vは12Vを示し，時間
がたつと水温が変化した。

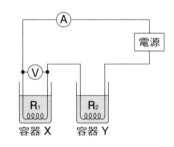

容器X　　容器Y

🏠がつく (1) ①で水温を室温と同じにしているのはなぜか。理由を簡単に説明せよ。

[　　　　　　　　　　　　　　　　　　　　　　　　　　　　　　　　　　　　]

(2) 図中の電流計Aの値は何Aか。　　　　　　　　　　　　　　[　　　　　]

(3) 電熱線R_1の電力は何Wか。　　　　　　　　　　　　　　　　[　　　　　]

(4) 電熱線R_2の電力は，R_1の電力の何倍か。　　　　　　　　　[　　　　　]

(5) 電熱線R_2に2分間電流を流したときに発生した熱量は何Jか。　[　　　　　]

(6) (5)のときの電力量は何Whか。　　　　　　　　　　　　　　[　　　　　]

(7) 電熱線R_2で水温が4℃上昇したとき，R_1では約何℃水温が上昇すると考えられるか。

[　　　　　]

3 〈並列回路での発熱〉 🔑重要

次の実験について，あとの問いに答えなさい。

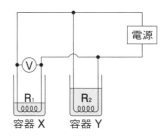

〔実験〕① 容器 **X** に15℃の水を100g，容器 **Y** に15℃の水を200g入れた。

② 抵抗が30Ωの電熱線 R_1 と抵抗が60Ωの電熱線 R_2 を使って右の図のような並列回路をつくり，電熱線 R_1，R_2 を容器 **X**，**Y** の水の中に入れた。

③ 回路に電流を流すと，図中の電圧計 **V** は15Vを示し，時間がたつと水温が変化した。

(1) 電熱線 R_1，R_2 に流れる電流は，それぞれ何Aか。　　　R_1 [　　　　] R_2 [　　　　]

(2) 電熱線 R_1，R_2 の電力はそれぞれ何Wか。　　　R_1 [　　　　] R_2 [　　　　]

(3) 回路に4分間電流を流したときの電熱線 R_1 の電力量は何Jか。　　　[　　　　]

(4) (3)のときに，容器 **X** の水温は19℃になっていた。このとき，次の①，②に答えなさい。ただし，水1gの温度を1℃上げるのに必要な熱量を4.2Jとする。

① 容器 **X** の水にあたえられて水温上昇に使われた熱量は何Jか。　　　[　　　　]

🏠がつく ② 容器 **Y** の水温は何℃になっていると考えられるか。次の**ア**～**オ**から選び，記号で答えよ。

[　　　　]

ア 約16℃　　**イ** 約17℃　　**ウ** 約19℃　　**エ** 約23℃　　**オ** 約31℃

4 〈電気器具と消費する電力〉

家庭に引きこまれた電気(電圧100V)は，電力量計，ブレーカーを通って，各部屋に配電される。右の図は部屋の配線であり，それぞれの電気器具の消費する電力は，照明は「100V　60W」，電気ストーブは「100V　1200W」，テレビは「100V　120W」で一定であるとする。次の問いに答えなさい。

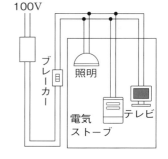

(1) 3つの電気器具を同時に使ったとき，最も大きい電流が流れるのはどれか。電気器具の名前を書け。　　　[　　　　]

(2) 電気ストーブとテレビを同じ時間使ったとき，電気ストーブの電力量はテレビの電力量の何倍か。　　　[　　　　]

🏠がつく (3) 図の部屋では，使用している電気器具に流れる電流の合計が20Aをこえるとブレーカーがはたらき，ブレーカーの部分で回路のつながりが切れるようになっている。この部屋の配線ににさらにつないでも，同時に使うことができる電気器具はどれか。次の**ア**～**エ**からすべて選び，記号で答えよ。　　　[　　　　]

ア 消費電力が「100V　60W」の電気スタンド

イ 消費電力が「100V　1200W」の電気アイロン

ウ 消費電力が「100V　600W」の電気ポット

エ 消費電力が「100V　950W」のオーブントースター

実力アップ問題

1 図1のような電気器具を使って，電熱線に加わる電圧と流れる電流の関係を調べる実験をした。次の問いに答えなさい。〈2点×5〉

図1

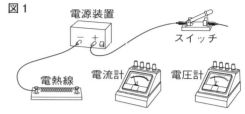

電源装置　スイッチ　電熱線　電流計　電圧計

(1) 回路に並列につないではいけないのは，電流計，電圧計のどちらか。

(2) 図1の器具を正しくつないだ回路の回路図を，次の**ア～エ**から選び，記号で答えよ。

ア 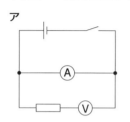　イ 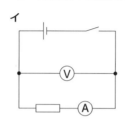　ウ 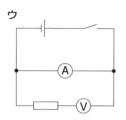　エ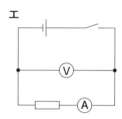

(3) 電流計や電圧計の正しい使い方を，次の**ア～エ**からすべて選び，記号で答えよ。

　　ア　＋端子は，電源装置の－極側の導線につなぐ。

　　イ　＋端子は，電源装置の＋極側の導線につなぐ。

　　ウ　電流の大きさが予想できないときにつなぐ電流計の－端子は，5Aの－端子である。

　　エ　電圧の大きさが予想できないときにつなぐ電圧計の－端子は，3Vの－端子である。

(4) 電流計の500mA端子につないで図2のようになったとき，電流は何mAか。

(5) 電圧計の15V端子につないで図3のようになったとき，電圧は何Vか。

図2

図3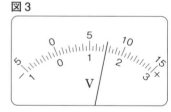

(1)		(2)		(3)		(4)		(5)	

2 右の図のように，抵抗器R_1，R_2をつないで回路をつくった。次の問いに答えなさい。〈3点×5〉

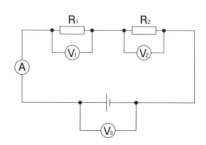

R_1　R_2　V_1　V_2　A　V_3

(1) 抵抗器R_1の抵抗が15Ωで，電圧計V_2が3V，電流計Aが0.4Aを示したとき，次の①，②に答えよ。

　　① 電圧計V_1，V_3が示す値は，それぞれ何Vか。

　　② 抵抗器R_2の抵抗は何Ωか。

(2) 抵抗器R_1の抵抗が30Ωで，電圧計V_1が6V，電圧計V_2が3Vを示したとき，次の①，②に答えよ。

① 電流計Aが示す値は何Aか。

② 回路全体の抵抗は何Ωか。

(1)	①V_1		V_3		②		(2)	①		②	

3 右の図のように，抵抗器R_1，R_2をつないで回路をつくった。
次の問いに答えなさい。　　　　　　　　　　　　　〈3点×7〉

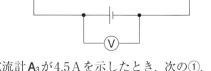

(1) 抵抗器R_1の抵抗が6Ωで，電圧計Vが12V，電流計A_2が
1Aを示したとき，次の①，②に答えよ。

① 電流計A_1，A_3が示す値は，それぞれ何Aか。

② 回路全体の抵抗は何Ωか。

(2) 抵抗器R_1の抵抗が10Ω，抵抗器R_2の抵抗が40Ωで，電流計A_3が4.5Aを示したとき，次の①，
②に答えよ。

① 回路全体の抵抗は何Ωか。

② 電圧計Vが示す値は何Vか。

③ 電流計A_1，A_2が示す値は，それぞれ何Aか。

(1)	①A_1	A_3	②	
(2)	①	②	③A_1	A_2

4 右の図は，電熱線A〜Dに電流を流したときの電圧と電
流の関係を示している。次の問いに答えなさい。〈4点×4〉

(1) 1.5Vの電圧を加えたとき，電熱線Aに流れる電流は，
電熱線Dに流れる電流の何倍か。

(2) 電熱線Aの抵抗は何Ωか。

(3) 最も電流の流れにくい電熱線を，図中のA〜Dから選
び，記号で答えよ。

(4) 電熱線AとBを直列につないだときの合成抵抗をR_1

〔Ω〕，電熱線CとDを並列につないだときの合成抵抗をR_2〔Ω〕とすると，R_1はR_2の何倍か。

(1)		(2)		(3)		(4)	

5 右の図のように，3つの電熱線A，B，Cを電源装置につないで11Vの電圧を加えると，電圧計は5Vを示した。電熱線Aは30Ω，電熱線Bは20Ωであることがわかっている。次の問いに答えなさい。

〈3点×4〉

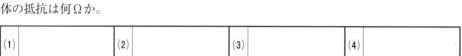

(1) 電熱線Aに流れた電流は何Aか。

(2) 電熱線Bに流れた電流は，電熱線Aに流れた電流の何倍か。

(3) 電熱線Cの抵抗は何Ωか。

(4) 回路全体の抵抗は何Ωか。

(1)		(2)		(3)		(4)	

6 次の実験について，あとの問いに答えなさい。

〈2点×8〉

図1

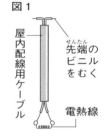

〔実験〕① 発泡ポリスチレンのカップを用意し，水を200g入れてからしばらくそのままにしておき，水温を室温と同じにした。

② 図1のようなヒーターを3種類つくり，電熱線の抵抗が10ΩのものをヒーターX，抵抗が20ΩのものをヒーターY，抵抗が30ΩのものをヒーターZとした。

③ 図2のようにヒーターXを電源装置につなぎ，電圧計の値が12Vになるように電流を流すと，水温が変化した。電流を流した時間とそのときの水温は，下の表のようになった。

時　間〔分〕	0	1	2	3	4	5
水　温〔℃〕	23.5	24.4	25.4	26.4	27.5	28.4
上昇温度〔℃〕	0.0	0.9	1.9	2.9	4.0	4.9

④ ヒーターY，Zについても③のように実験を行った。

図2

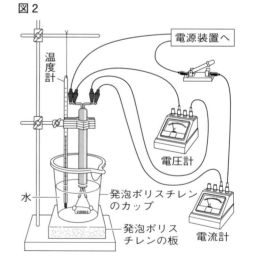

(1) ①の発泡ポリスチレンのカップを，金属製のカップに変えて同じ実験を行うと，結果はどうなると考えられるか。次のア〜エから選び，記号で答えよ。

ア　水温が変化しにくくなる。

イ　水温が変化しやすくなる。

ウ　水温が変化しなくなる。

エ　結果にちがいは生じない。

(2) ③では，電流計は何Aを示すか。

(3) ヒーター**X**の電力は何Wか。

(4) ③，④でのヒーター**X**，**Y**，**Z**の電力をくらべると，電力が最も大きいのはどれか。記号で答えよ。

(5) ③で，ヒーター**X**に5分間電流を流したとき，電熱線で発生した熱量は何Jか。

(6) ③では，ヒーター**X**で発生した熱量のうち，約何％が水温の上昇に使われたか。整数で答えよ。ただし，水1gの温度を1℃上げるのに必要な熱量を4.2Jとする。

(7) ④のヒーター**Y**，**Z**での実験結果を③の結果とくらべると，上昇温度はそれぞれ約何倍か。小数第2位を四捨五入して答えよ。

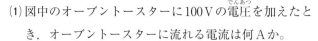

(1)		(2)		(3)		(4)		(5)	
(6)		(7) **Y**		**Z**					

7 右の図は，ある部屋でつないでいる電気器具を示したもので，それぞれの消費電力は，オーブントースターは「100V 950W」，電気スタンドは「100V 60W」，テレビは「100V 120W」で一定である。次の問いに答えなさい。

〈2点×5〉

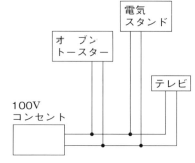

(1) 図中のオーブントースターに100Vの電圧を加えたとき，オーブントースターに流れる電流は何Aか。

(2) 図中の3つの電気器具のうち，一定時間に使う電気エネルギーの量が最も小さいものはどれか。電気器具の名前を書け。

(3) 図中の電気器具をすべて同時に使ったとき，この部屋で消費する電力は何Wか。

(4) オーブントースターを12分，電気スタンドを3時間，テレビを2時間使ったとき，使用した電力量の合計は何Whか。

(5) 電気器具のプラグをコンセントにさしたままにしておくと，器具のスイッチがオフになっていても電気が消費されていることがあり，これを待機時消費電力という。図中の3つの電気器具の待機時消費電力はそれぞれ，オーブントースターが0.1W，電気スタンドが0.1W，テレビが0.9Wである。3つの電気器具を24時間使わないとき，すべてのコンセントをぬいておくと，何Whの電力量を節約することができるか。

(1)		(2)		(3)		(4)	
(5)							

❸電流と電子・放射線

重要ポイント

① 静電気の性質

- □ **静電気**…ちがう種類の物質をたがいに**摩擦したときに生じる**電気。　→物体が静電気を帯びることを帯電という。

- □ **電気の性質**…電気の性質は磁石の性質に似ている。

  ①電気には＋(正)と－(負)の2種類がある。

  ②同じ種類の電気の間には，しりぞけ合う力がはたらく。

  ③異なる種類の電気の間には，引き合う力がはたらく。

- □ **電気の力**…電気の間にはたらく力。磁石の力や重力と
  →電気力ともよばれる。
  同じように，離れていてもはたらく。

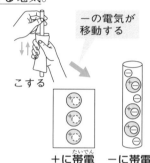

－の電気が移動する

こする

＋に帯電　　－に帯電

② 放電と電流の正体

- □ **放電**…電気が空間を移動したり，たまっていた電気が流れ出したりする現象。
  →気圧を下げた放電管(クルックス管)の中など。
  ・**真空放電**…圧力が小さな気体の中を電流が流れる現象。

- □ **電子**…質量をもった非常に小さな粒子。－の電気をもっ
  ていて，放電時に－極(陰極)から飛び出す。

- □ **電子線(陰極線)**…蛍光板が入っているクルックス管内
  での真空放電のときに，－極から出て蛍光板を光らせ
  る電子の流れ。電子線は，電圧を加えたり，
  磁石を近づけたりすると，曲がる。

- □ **電流の正体**…金属の中では，電子が自由に動
  き回っている。金属の導線に電圧を加えると，
  ＋と－の電気の間にはたらく引き合う力によ
  って，電子は，電源の＋極のほうに引っ張ら
  →絶縁体では電子が自由に動けないため，電流が流れない。
  れて移動する。

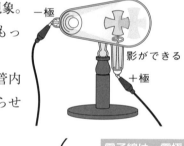

－極

影ができる

＋極

電子線は，電極
板の＋極の側に
曲がる

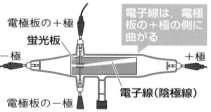

電極板の＋極

蛍光板

－極　　　　　　　　　　　　＋極

電極板の－極

電子線(陰極線)

③ 放射線の性質とその利用

- □ **放射線**…非常に小さくて高速な粒子の流れである α 線・β
  線，光のなかまである X 線・γ 線など。
  →レントゲン検査や手荷物検査に利用。

- □ **放射線の性質**…物質を通りぬける性質(透過性)や物体を変質させる性質がある。ま
  た，生物の細胞を傷つける性質がある。目には見えない。
  →ゴムに当てて摩擦に強くする改良に利用。
  →医療器具に当てて滅菌するのに利用。

- □ **放射性物質**…放射線を出す物質。自然界にも存在している。

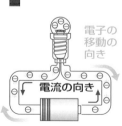

電子の
移動の
向き

電流の向き

●物体が＋か のどちらに帯電しているかがわからなくてもしりぞけ合えば同じ種類の電気
（＋と＋，または－と－）をもち，引き合えば種類が異なる電気（＋と－）をもつことがわかる。
●電子は－の電気をもち，＋極のほうに引っ張られて移動する。

ポイント 一問一答

① 静電気の性質

- □ (1) ちがう種類の物質をたがいに摩擦したときに生じる電気を何というか。
- □ (2) 物体が(1)の電気を帯びることを何というか。
- □ (3) 次の文の，①〜③にあてはまる言葉は何か。

  電気には＋（正）と（　①　）の2種類があり，同じ種類の電気の間には（　②　）合
  う力，異なる種類の電気の間には（　③　）合う力がはたらく。
- □ (4) 同じ種類の電気や異なる種類の電気の間に，離れていてもはたらく力を何というか。

② 放電と電流の正体

- □ (1) 電気が空間を移動したり，たまっていた電気が流れ出したりする現象を何というか。
- □ (2) 圧力が小さな気体の中を電流が流れる現象を何というか。
- □ (3) 電流の正体である，－の電気をもった非常に小さな粒子を何というか。
- □ (4) (3)の粒子は，放電のときに＋極，－極のどちらから飛び出すか。
- □ (5) 蛍光板の入ったクルックス管内で真空放電をしたときに，蛍光板を光らせる電子
  の流れを何というか。
- □ (6) 電子線（陰極線）は，真空放電のときに＋極，－極のどちらから出るか。
- □ (7) 電流は，何極から何極に向かって流れるか。
- □ (8) 電子は，何極から何極に向かって移動しているか。

③ 放射線の性質とその利用

- □ (1) 医療において，レントゲン検査に利用されている放射線は何か。
- □ (2) 放射線を出す物質のことを何というか。

答 ① (1) 静電気　(2) 帯電　(3) ① －（負）　② しりぞけ（反発し）　③ 引き　(4) 電気の力（電気力）
② (1) 放電　(2) 真空放電　(3) 電子　(4) －極　(5) 電子線（陰極線）　(6) －極　(7) ＋極から－極
(8) －極から＋極
③ (1) X線　(2) 放射性物質

基礎問題

▶答え　別冊p.30

1 〈摩擦によって生じる電気〉

次の実験について，あとの問いに答えなさい。

図1　ストローA／ストローB／ティッシュペーパー

〔実験〕① 図1のように，2本のストローAとBをティッシュペーパーで摩擦した。

② 図2のように，ストローAを回転台に虫ピンでとめてからストローBを近づけて，ストローAがどうなるかを調べた。

③ ②で，ストローAに，①のティッシュペーパーを近づけて，ストローAがどうなるかを調べた。

(1) ②で，ストローAはどうなったか。次のア〜ウから選び，記号で答えよ。　［　　］

　ア　ストローBに近づくように回転する。

　イ　ストローBから離れるように回転する。

　ウ　まったく回転しない。

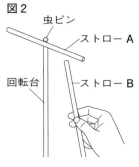

図2　虫ピン／ストローA／回転台／ストローB

(2) ③で，ストローAはどうなったか。次のア〜ウから選び，記号で答えよ。　［　　］

　ア　ティッシュペーパーに近づくように回転する。

　イ　ティッシュペーパーから離れるように回転する。

　ウ　まったく回転しない。

(3) ストローに生じた電気とティッシュペーパーに生じた電気の種類は，同じか，異なるか。　　　　　　　　　　　　　　　　　　　　　　　［　　　　］

(4) この実験で生じた電気を，何というか。　［　　　　］

2 〈電子線〉 重要

次の実験について，あとの問いに答えなさい。

図1

〔実験〕① 図1のようにクルックス管に誘導コイルをつなぎ，数万ボルトの電圧を加えると，十字板の影ができた。

② 図2のように，クルックス管と誘導コイルのつなぎ方だけを①から変えて，同じように電圧を加えると，十字板の影ができなかった。

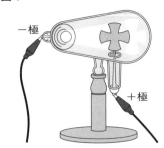

−極／＋極

(1) 次の文は，この実験の結果から考えられることについて説明したものである。①，②の[　]に適当な語を入れ，文を完成させよ。

① [　　　　　] ② [　　　　　]

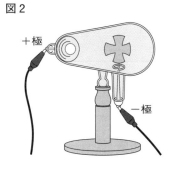

図2

+極

−極

　①では十字板の影ができ，②では十字板の影ができなかったことから，電流が流れているクルックス管内では，電流のもとになる粒子が[　①　]極から出て，[　②　]極へ引かれていると考えられる。

(2) ①で影をつくった，電流のもとになる粒子を何というか。　[　　　　　]

(3) (2)の粒子がもつ電気は，＋の電気か，−の電気か。　[　　　　　]

3 〈電子の移動と電流〉🔑重要

右の図は，金属の導線に電圧を加えたときの，電子の移動のようすを示している。次の問いに答えなさい。

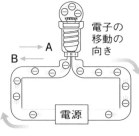

電子の移動の向き

A

B

電源

(1) 電子が引っ張られるのは，電源の＋極，−極のどちらか。

[　　　　　]

(2) 電流の向きは，図中のA，Bのどちらか。　[　　　　　]

⚠ミス注意 (3) 金属の導線に電圧を加える前には，導線の中の電子はどうなっていたか。次のア〜エから選び，記号で答えよ。　[　　　　　]

ア　すべての電子がまったく動いていなかった。

イ　すべての電子が＋極側から−極側に向かって動いていた。

ウ　すべての電子が−極側から＋極側に向かって動いていた。

エ　それぞれの電子が自由に動き回っていた。

4 〈放射線の性質〉

放射線とその性質について，次の問いに答えなさい。

(1) 　放射線を出す物質のことを何というか。　[　　　　　]

(2) 　放射線の性質として正しいものを次のア〜エから選び，記号で答えよ。　[　　　　　]

ア　放射線には，目に見えるものと目に見えないものがある。

イ　放射線を出す物質は，すべて人工的につくられたものである。

ウ　放射線には，物の性質を変化させる性質があるものがある。

エ　α線やβ線は厚い鉛の板を通りぬけることができる。

💡ヒント

1 (1) ストローAとBに生じている電気は，同じ種類の電気である。

(2) ＋の電気や−の電気の関係は，磁石の関係に似ている。

2 図1では，十字板で何かがさえぎられた結果，影ができていると考えられる。

1 〈静電気〉

次の実験について，あとの問いに答えなさい。

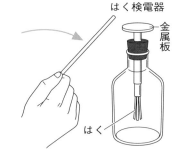

はく検電器
金属板
はく

〔実験〕① 右の図のようなはく検電器の金属板に，ストロー
やアクリルパイプを近づけると，はくは閉じたままだった。

② ストローとアクリルパイプをこすり合わせてから，はく
検電器の金属板にストローを近づけると，はくが開いた。

③ ②ではくが開いたはく検電器の金属板を指でさわると，は
くが閉じた。

(1)②で，はくが開いたのはなぜか。理由を簡単に説明せよ。

[　　　　　　　　　　　　　　　　　　　　　　　　　　　　　　　　　　]

(2)②で金属板に近づけるものを，アクリルパイプに変えると，はくは開くか。

[　　　　　　　　　]

(3)②でこすり合わせるものを，同じ種類のストロー2本に変えて，ストローを金属板に近づけ
ると，はくは開くか。 [　　　　　　　　　]

(4)③で，はくが閉じたのはなぜか。理由を簡単に説明せよ。

[　　　　　　　　　　　　　　　　　　　　　　　　　　　　　　　　　　]

2 〈放電〉

次の実験について，あとの問いに答えなさい。

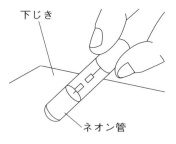

下じき
ネオン管

〔実験〕① プラスチックの下じきに，右の図のようにネオン
管を近づけると，ネオン管には何の変化も起きなかった。

② プラスチックの下じきを綿布で摩擦してから，ふたたび
右の図のようにネオン管を近づけると，ネオン管が点灯した。

(1)この実験から，静電気にも電子が関係しているといえるか。

[　　　　　　　　　]

(2)②でのネオン管の点灯は長時間続かなかった。それはなぜか。理由を簡単に説明せよ。

[　　　　　　　　　　　　　　　　　　　　　　　　　　　　　　　　　　]

(3)②と同じ現象にはよらないものを，次のア～オから1つ選び，記号で答えよ。 [　　　　]

ア 夏の暑い日の夕方に，大きな音がして雷が落ちた。

イ ガスコンロの自動着火装置で，着火するときに火花が出てガスに火がついた。

ウ 蛍光灯に電圧を加えると，蛍光灯が白く光った。

エ ガスバーナーの火にマグネシウムリボンを近づけると，強い光が出た。

オ 冬の晴れた日にドアノブにふれると，パチッと音がした。

3 〈電子線〉 **重要**

次の実験について，あとの問いに答えなさい。

〔実験〕① 図1のようなクルックス管の電極Aを誘導コイルの－極，電極Bを誘導コイルの＋極につないで電圧を加えると，電子線（陰極線）が現れた。

② 図2のように，①の状態からさらに，電極板X，Yに電圧を加えて，どうなるかを調べた。

③ 図3のように，①の状態からさらに，クルックス管に磁石を近づけて，どうなるかを調べた。

(1) クルックス管は，内部の空気の圧力が0.00004気圧ほどになっている放電管である。図1のように，圧力が小さく，非常にうすい気体の中を電流が流れる現象を，何というか。　　　　[　　　　　]

(2) ②では，電子線はどうなったか。次のア～エから選び，記号で答えよ。　　　　　　　[　　　　　]

ア ①と変わらない。

イ 上のほうに曲がる。

ウ 下のほうに曲がる。

エ 電子線は見えなくなる。

(3) (2)のようになったのはなぜか。理由を簡単に説明せよ。

[　　　　　　　　　　　　　　　　　　　　　　　　　　　　　　　　]

(4) ②で，電極X，Yの＋と－を入れかえて，同じように実験すると，電子線はどうなるか。(2)のア～エから選び，記号で答えよ。　　　　　　　　　　　　[　　　　　]

(5) ③では，電子線はどうなったか。(2)のア～エから選び，記号で答えよ。　　　　[　　　　　]

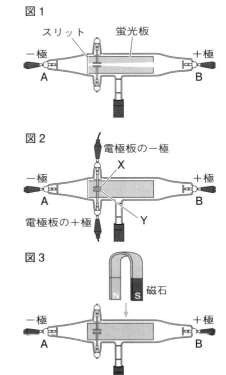

図1
スリット　蛍光板
－極　　　　　　　　　　　＋極
A　　　　　　　　　　　　　B

図2
電極板の－極
X
－極　　　　　　　　　　　＋極
A　　　　　　　　　　　　　B
電極板の＋極　　　　　Y

図3
磁石
N　S
－極　　　　　　　　　　　＋極
A　　　　　　　　　　　　　B

4 〈放射線の利用〉

放射線について，次の問いに答えなさい。

(1) レントゲン検査に利用されている放射線は何か。　　　　　　　　[　　　　　]

(2) レントゲン検査では放射線のどのような性質を利用しているか。次のア～エから選び，記号で答えよ。　　　　　　　　　　　　　　　　　　　　[　　　　　]

ア 物を通り抜ける性質　　　イ 回路の－極から＋極へ流れる性質

ウ 目に見えない性質　　　　エ 離れたところにある物を引き付ける性質

(3) 放射線の利用例としてあてはまらないものを，次のア～エから選び，記号で答えよ。

[　　　　　]

ア 医療器具の滅菌　　　　イ 自動車のタイヤの製造

ウ 空港の手荷物検査　　　エ アルミ缶とスチール缶の分別

❹電流と磁界

重要ポイント

① 磁界と磁力線

- □ **磁力**…磁石による力。

- □ **磁界**…磁力がはたらいている空間。
  └→地球も1つの大きな磁石であり，地球全体に磁界がある。

- □ **磁界の向き**…磁針の**N極**が指す向き。

- □ **磁力線**…磁界の強さと向きを表す線。

- □ **電流による磁界**…1本の導線や**コイル**に電流を流すと，まわりに磁界ができる。磁
  └→導線を何回も巻いたもの。
  界の向きは**電流の向き**で決まり，磁界の強さは**電流が大きいほど強くなる**。
  └→コイルの場合，コイルの巻数が多いほど強く，鉄しんを入れても強くなる。

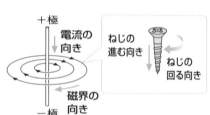

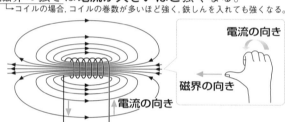

② 電流と磁界

- □ **電流が磁界から受ける力**…磁界の中で導線に電流を流
  └→モーターやイヤホン，スピーカーは，この現象を利用した電気器具である。
  すと，電流に**力がはたらく**。

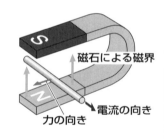

磁石による磁界

力の向き　電流の向き

- ・電流や磁界の向きを逆にすると，力の向きは逆になる。

- ・電流を大きくしたり磁界を強くしたりすると，力は大
  きくなる。

- □ **電磁誘導**…コイルの中の磁界が変化し
  └→発電機は，電磁誘導を利用している。
  たとき，コイルに電流が流れる現象。

- □ **誘導電流**…電磁誘導による電流。

  - ・磁界の変化が大きいほど，大きくなる。
    └→磁石を速く動かしたときなど。
  - ・磁石の磁力が強いほど，大きくなる。

  - ・コイルの巻数が多いほど，大きくなる。

- □ **直流と交流**…流れる向きが変わらない
  電流を**直流**といい，流れる向きが周期
  └→乾電池によって生じる電流など。
  的に変わる電流を**交流**という。
  └→発電所の発電機によって生じる電流。

- □ **周波数**…交流で，電流が1秒間に変化を
  くり返す回数。単位はヘルツ（Hz）。

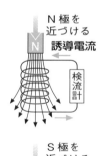

N極を
近づける
誘導電流
検流計

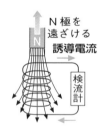

N極を
遠ざける
誘導電流
検流計

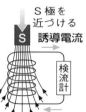

S極を
近づける
誘導電流
検流計

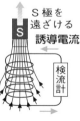

S極を
遠ざける
誘導電流
検流計

ポイント 一問一答

① 磁界と磁力線

- □ (1) 磁石による力を何というか。
- □ (2) (1)がはたらいている空間を何というか。
- □ (3) 磁界の向きは, 磁針のN極, S極のどちらが指す向きか。
- □ (4) 磁界の強さと向きを表す線を何というか。
- □ (5) 導線に電流を流すと, まわりに何ができるか。
- □ (6) (5)の向きは, 何の向きによって決まるか。
- □ (7) (5)の強さは, 流れる電流が大きいほどどうなるか。

② 電流と磁界

- □ (1) 磁界の中で導線に電流を流すと, 電流に何がはたらくか。
- □ (2) 電流が磁界から受ける力の向きは, 電流の向きを逆にするとどうなるか。
- □ (3) 電流が磁界から受ける力の向きは, 磁界の向きを逆にするとどうなるか。
- □ (4) 電流が磁界から受ける力は, 電流を大きくしたり磁界を強くしたりするとどうなるか。
- □ (5) コイルの中の磁界が変化したとき, コイルに電流が流れる現象を何というか。
- □ (6) (5)による電流を何というか。
- □ (7) 磁界の変化が大きいほど, 誘導電流の大きさはどうなるか。
- □ (8) 磁石の磁力が強いほど, 誘導電流の大きさはどうなるか。
- □ (9) コイルの巻数が多いほど, 誘導電流の大きさはどうなるか。
- □ (10) 流れる向きが変わらない電流を何というか。
- □ (11) 流れる向きが周期的に変わる電流を何というか。
- □ (12) 交流の電流が1秒間に変化をくり返す回数を何というか。

---

① (1) 磁力　(2) 磁界(磁場)　(3) N極　(4) 磁力線　(5) 磁界　(6) 電流　(7) 強くなる。
② (1) 力　(2) 逆になる。　(3) 逆になる。　(4) 大きくなる。　(5) 電磁誘導　(6) 誘導電流
(7) 大きくなる。　(8) 大きくなる。　(9) 大きくなる。　(10) 直流　(11) 交流　(12) 周波数

1 〈磁石の磁界〉 ⚠ミス注意

磁石のまわりの磁界の向き
を調べるために，小さい磁
針をおいた。磁針のN極が
指す向きを矢印(◁▶)で○
の中にかき入れなさい。た
だし，矢印は黒いほうをN極とする。

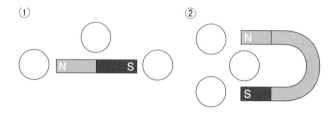

2 〈電流による磁界〉 🔑重要

図1はまっすぐな導線に電流を流したときの磁界のようすを
示し，図2はコイルにした導線に電流を流したときの磁界の
ようすを示している。次の問いに答えなさい。

⚠ミス注意 (1) 図1の導線のまわりの磁界の向きは，図中のA，Bのどち
らか。記号で答えよ。　　　　　　　　[　　　]

(2) 図1で電流の向きを逆にしたとき，導線のまわ
りの磁界の向きはどうなるか。

[　　　　　　　]

(3) 図1で電流の大きさを大きくすると，導線のま
わりの磁界の強さは，(1)とくらべてどうなるか。

[　　　　　　　]

図1

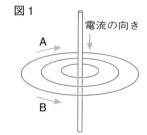

図2

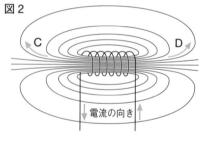

⚠ミス注意 (4) 図2のコイルのまわりの磁界の向きは，図中のC，Dのどちらか。記号で答えよ。

[　　　]

(5) 図2で電流の向きを逆にしたとき，コイルのまわりの磁界の向きはどうなるか。

[　　　　　　]

(6) 図2で電流の大きさを大きくすると，コイルのまわりの磁界の強さは，(4)とくらべて
どうなるか。　　　　　　　　　　　　　　　[　　　　　　]

(7) 図2でコイルの巻数をふやしたとき，コイルのまわりの磁界の強さは，(4)とくらべて
どうなるか。　　　　　　　　　　　　　　　[　　　　　　]

(8) 図2でコイルに鉄しんを入れると，コイルのまわりの磁界の強さは，(4)とくらべてど
うなるか。　　　　　　　　　　　　　　　　[　　　　　　]

3 〈電流が磁界から受ける力〉 ●○重要
次の実験について，あとの問いに答えなさい。

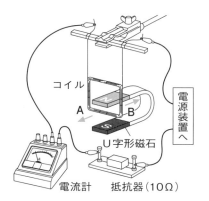

コイル
A　B
電源装置へ
S
U字形磁石
電流計　　抵抗器（10Ω）

〔実験〕① 右の図のような装置で，コイルに0.3Aの
電流を流すと，コイルが**B**の方向に動いた。

② ①の装置で，コイルに流す電流の向きを逆にして，
コイルがどうなるか調べた。

③ ①の装置で，U字形磁石の**N**極と**S**極の位置を入
れかえ，コイルがどうなるか調べた。

(1) ②，③の結果を，次からそれぞれ選び，記号で答
えよ。　　　　　　②[　　] ③[　　]

ア **A**の方向に①のときと同じくらい動いた。

イ **A**の方向に①のときより大きく動いた。

ウ **B**の方向に①のときと同じくらい動いた。

エ **B**の方向に①のときより大きく動いた。

(2) ①の装置はそのままで，コイルに流す電流だけを0.6Aに変えると，コイルはどうなる
か。(1)の**ア〜エ**から選び，記号で答えよ。　　　　　　　　　　　　[　　]

(3) ①の装置はそのままで，U字形磁石だけを磁力が強いものに変えると，コイルはどう
なるか。(1)の**ア〜エ**から選び，記号で答えよ。　　　　　　　　　[　　]

4 〈発電のしくみ〉
右の図のように，磁石の**N**極をコイルに近づけると，**A**
の向きに電流が流れた。次の問いに答えなさい。

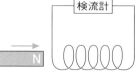

A ←　→ B
検流計
N

(1) このような現象を何というか。　　　　[　　　　]

(2) (1)で流れる電流を何というか。　　　　[　　　　]

(3) 磁石の**N**極を速く動かすと，流れる電流の大きさはどうなるか。　[　　　　]

(4) 次の①，②のときの電流の向きは，図中の**A**，**B**のどちらか。それぞれ記号で答えよ。

① **N**極をコイルから遠ざけたとき。　　　　　　　　　　　　[　　]

② **S**極をコイルに近づけたとき。　　　　　　　　　　　　　[　　]

(5) 発電機は，(1)の現象を利用して電流を連続的に発生させる装置である。発電所で発電
機によってつくり出される電気は，直流か，交流か。　　　[　　　　]

ヒント

① 磁界の向きは，磁針の**N**極が指す向きである。

② (2)(5) 電流による磁界の向きは，電流の向きによって決まる。

③ 電流が磁界から力を受けるとき，力の向きは電流と磁界の向きで決まり，力の大きさは電流の大きさ
と磁界の強さで決まる。

④ (3) 磁石を速く動かすと，磁界の変化が大きくなる。

1 〈磁石や電流による磁界〉

図1はU字形磁石の磁界，図2は棒磁石の磁界，図3は導線を流れる電流のまわりにできる磁界を示している。次の問いに答えなさい。

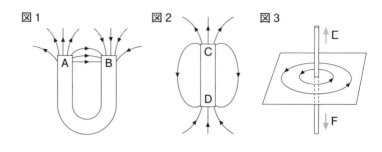

図1　　　図2　　　図3

(1) 図1のU字形磁石のBと，図2の棒磁石のDを近づけると，しりぞけ合うか，引き合うか。

[　　　　　]

⚠ミス注意 (2) 図1，図2のA～Dのうち，N極を示しているものをすべて選び，記号で答えよ。

[　　　　　]

(3) 図3での電流の向きは，図中のE，Fのどちらか。記号で答えよ。　　　[　　　]

🏠がつく (4) 電流が流れる導線のまわりに3つの磁針をおくと，図4のようになった。このようになった理由を簡単に説明せよ。

図4

[　　　　　　　　　　　　　　　　　　　　　　　　　　　　　]

2 〈電磁石のしくみ〉

図1のXと図2のYの矢印は，輪にした導線とコイルに電流を流したときの，磁界の向きを示したものである。次の問いに答えなさい。

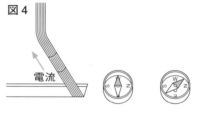

図1　　　図2

コイルの軸

(1) 図1の電流の向きを，図中のA，Bから選び，記号で答えよ。　　　[　　　]

(2) 図2の電流の向きを，図中のC，Dから選び，記号で答えよ。　　　[　　　]

🏠がつく (3) 図1のXと図2のYの矢印の位置で磁界の強さをくらべると，どちらのほうが強いと考えられるか。記号で答えよ。ただし，図2のコイルの導線は図1の導線と同じもので，図1と図2の電流の大きさは同じであるとする。　　　[　　　]

(4) 電磁石は，コイルに鉄しんを入れてつくられている。鉄しんを入れているのはなぜか。理由を簡単に説明せよ。

[　　　　　　　　　　　　　　　　　　　　　　　　　　　　　]

3 〈モーターのしくみ〉 🔑重要

モーターは次の図のようなしくみになっていて，BやDのときには，整流子のはたらきによってコイルに電流が流れないようになっている。あとの問いに答えなさい。

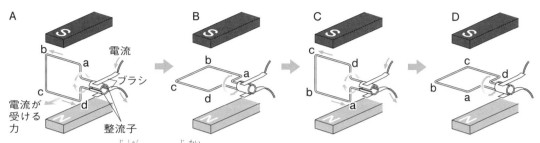

(1) 図中のA～Dの磁石による磁界の向きは，上向きか，下向きか。 [   ]

(2) 図中のA～Cのときに，コイルのa－b間の部分が磁界から受ける力を，次のア～ウからそれぞれ選び，記号で答えよ。 A [   ] B [   ] C [   ]

   ア　力を受けていない。

   イ　回転している方向と同じ向きの力を受けている。

   ウ　回転している方向とは逆向きの力を受けている。

(3) このモーターにつながった電源の＋極と－極を入れかえると，モーターの回転はどうなるか。

[   ]

差がつく (4) このモーターに流れている電流を大きくすると，モーターの回転はどうなるか。

[   ]

4 〈電流の種類〉

次の実験について，あとの問いに答えなさい。

〔実験〕① 図1のように発光ダイオードをつなぐと，片方だけが点灯した。

② 図2のパイプの両側をおさえて振り，中に入れた磁石をすばやく何度も往復させた。

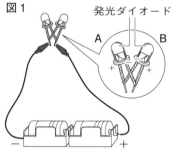

図1

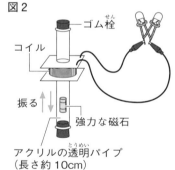

図2
ゴム栓
コイル
振る
強力な磁石
アクリルの透明パイプ
（長さ約10cm）

(1) ①で点灯した発光ダイオードは，図中のA，Bのどちらか。記号で答えよ。 [   ]

差がつく (2) ①，②の発光ダイオードをゆっくりと左右に動かすと，どのように見えるか。図3のC，Dからそれぞれ選び，記号で答えよ。

① [   ] ② [   ]

(3) ②で生じた電流のようすをオシロスコープで調べると，図4のE，Fのどちらに近いか。記号で答えよ。 [   ]

図3

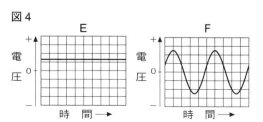

図4

実力アップ問題

1 次の実験について，あとの問いに答えなさい。　〈3点×5〉

図1

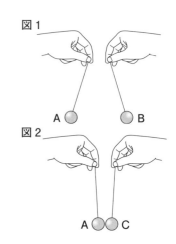

〔実験〕① 同じ大きさの3個の発泡ポリスチレンの球A，B，Cを用意し，それぞれをちがう種類の布で摩擦した。

② 球AとBを糸につるして別々に持ち，ゆっくり近づけると，図1のようになった。

③ 球AとCを糸につるして別々に持ち，ゆっくり近づけると，図2のようになった。

(1) ②，③のような現象が起きるのは，発泡ポリスチレンの球を布で摩擦したことで，電気が発生したからである。この電気を何というか。

(2) 球B，Cのもつ電気の種類は，球Aのもつ電気と同じか，異なるか。それぞれ答えよ。

(3) 球Bと球Cを糸につるして別々に持ち，②，③と同様にゆっくり近づけるとどうなるか。

(4) 球Aを摩擦した布と同じ種類の電気をもっているものを，球A，B，Cからすべて選び，記号で答えよ。

(1)		(2) B		C	
(3)				(4)	

2 次の実験について，あとの問いに答えなさい。

〈(1)～(6)3点×6，(7)5点〉

〔実験〕① 図1のように，クルックス管に誘導コイルをつないで電圧を加えると，十字板の影ができた。

② 図2のように，クルックス管に誘導コイルをつないで電圧を加えると，蛍光板に光るすじが現れた。

図1

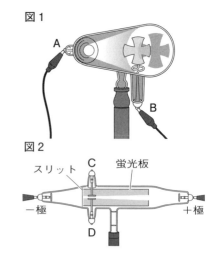

(1) ①のクルックス管では，誘導コイルの＋極側は，図1のA，Bのどちらか。記号で答えよ。

(2) ①のクルックス管につないだ誘導コイルの＋極と－極を入れかえると，十字板の影はできるか。

図2

スリット　C　蛍光板
－極　　＋極
D

(3) ②で，図2のクルックス管のC，Dを別の電源につないで同時に電圧を加えると，光のすじは上のほうに曲がった。このとき，－極側はC，Dのどちらか。記号で答えよ。

(4) ②で，図3のようにクルックス管に磁石を近づけると，光のすじは上のほうに曲がった。磁石の極を逆にして近づけると，光のすじはどうなるか。

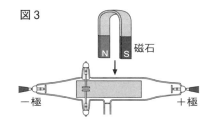

図3

磁石

－極　　　　　＋極

(5) ①で影をつくったり，②で光のすじをつくったりしたものは，何という粒子か。

(6) (5)の粒子がもっている電気の種類は，＋か，－か。

(7) (5)の粒子の動きは，電流を流していないときの導体の中ではどうなっているか。簡単に説明せよ。

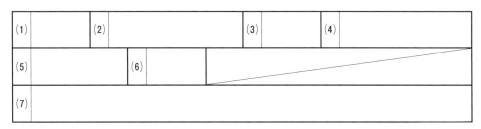

(1)		(2)		(3)		(4)	
(5)		(6)					
(7)							

3 図1〜図4は，磁石や電流が流れている導線のまわりの磁界のようすを示したものである。あとの問いに答えなさい。

〈3点×5〉

図1　　　　　　　図2　　　　　　図3　　　　　　　図4

電流　　　　　　　　　　　　　　電流

(1) 別の磁石の図1と図2の部分を近づけると，どのような力がはたらくか。

(2) (1)のような，磁石による力を何というか。

(3) 図1〜図4の磁界の向きを示す矢印を，図中のA〜Hからすべて選び，記号で答えよ。

(4) 図4の点Xの位置においた磁針のS極は，どの向きを指すか。図中のa〜dから選び，記号で答えよ。

(5) 図4の磁界が弱くなるのは，どのような場合か。次のア〜エからすべて選び，記号で答えよ。

　　ア　流れる電流の向きを逆にする。　　イ　コイルに鉄しんを入れる。

　　ウ　電流の大きさを小さくする。　　　エ　コイルの巻数を減らす。

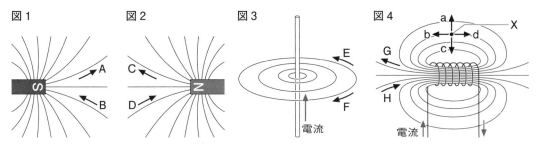

(1)		(2)		(3)		(4)	
(5)							

4 導線を曲げてブランコをつくり，図1のように，ＸＹの部分がＵ字形磁石のＮ極とＳ極の間を通るようにした。また，導線のＡＢの部分は磁針の真上で，ＡがＮ極，ＢがＳ極の向きになるように水平にはった。この実験装置のスイッチを入れると，ＸＹの部分はｂの向きに動いた。次の問いに答えなさい。　　　　〈4点×4〉

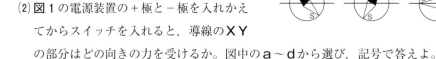

図1

(1)図1のスイッチを入れたときの磁針の向きとして正しいものを，図2のア〜エから選び，記号で答えよ。

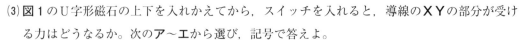

図2

(2)図1の電源装置の＋極と−極を入れかえてからスイッチを入れると，導線のＸＹの部分はどの向きの力を受けるか。図中のａ〜ｄから選び，記号で答えよ。

(3)図1のＵ字形磁石の上下を入れかえてから，スイッチを入れると，導線のＸＹの部分が受ける力はどうなるか。次のア〜エから選び，記号で答えよ。

　ア　(2)の力と同じ向きで，同じ大きさの力を受ける。

　イ　(2)の力と同じ向きで，異なる大きさの力を受ける。

　ウ　(2)の力と逆の向きで，同じ大きさの力を受ける。

　エ　(2)の力と逆の向きで，異なる大きさの力を受ける。

(4)図1の電熱線をもう1つ用意し，並列につないでからスイッチを入れると，導線のＸＹの部分が受ける力の大きさはどうなるか。

(1)		(2)		(3)		(4)	

5 次の実験について，あとの問いに答えなさい。　　　　〈3点×6〉

〔実験〕① 右の図のような回路を用意し，棒磁石をコイルの中にゆっくりおろしていくと，検流計の指針が＋の向きに動いた。

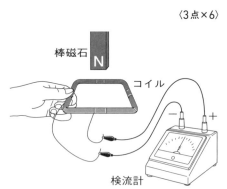

② ①のあと，棒磁石をコイルの中に入れたままにして，検流計の指針がどうなるかを調べた。

③ ②のあと，棒磁石をゆっくりとコイルの外に引き上げ，検流計の指針がどうなるかを調べた。

(1)①のように，コイルの内部の磁界が変化したときに，電流が流れる現象を何というか。

(2)②，③で指針がどうなったかを，次のア〜エからそれぞれ選び，記号で答えよ。

　ア　＋と−の向きに交互に動いた。　　イ　＋の向きに動いた。

　ウ　−の向きに動いた。　　　　　　エ　動かなかった。

(3) ①と同じように検流計の指針が動くのは，どのようにしたときか。次の**ア〜エ**から選び，記号で答えよ。

ア コイルをゆっくりと上に動かして，棒磁石のＮ極の遠くから近づけていくとき。

イ コイルを棒磁石のＮ極にくっつけて，固定したとき。

ウ コイルをゆっくりと下に動かして，棒磁石のＮ極の近くから遠ざけていくとき。

エ コイルをゆっくりと動かして，棒磁石のＮ極の下を横切るように動かしたとき。

(4) ①と同じように検流計の指針が動くのは，どのようにしたときか。次の**ア〜エ**から選び，記号で答えよ。

ア 棒磁石のＳ極をコイルの中にゆっくりとおろしていくとき。

イ 棒磁石のＳ極をコイルにくっつけて，固定したとき。

ウ 棒磁石のＳ極を，コイルの中から外にゆっくりと引き上げていくとき。

エ 棒磁石のＳ極を，コイルの上をゆっくりと横切るように動かしたとき。

(5) ①の検流計の指針の動きが大きくなるのは，どのようにしたときか。次の**ア〜エ**から選び，記号で答えよ。

ア 棒磁石を，磁力が弱いものに変えたとき。

イ 棒磁石を動かすと同時に，コイルも上向きに動かしたとき。

ウ 棒磁石の動かし方を遅くしたとき。

エ コイルを，巻数が少ないものに変えたとき。

(1)		(2) ②	③	(3)		(4)		(5)	

---

6 直流と交流について，次の問いに答えなさい。　　〈(1)・(2)4点×2，(3)5点〉

(1) 直流の特徴を，次の**ア〜エ**からすべて選び，記号で答えよ。

ア 向きが周期的に変化している。　　**イ** 向きが常に一定である。

ウ 電流の大きさが変化しない。　　**エ** 電流の大きさが常に変化している。

(2) 電流の向きの変化が5分間に15000回くり返される交流の周波数は，何 Hz か。

(3) 右の図は家庭のコンセントからとり出した電流**X**と，電流**X**がＡＣアダプターを通ったあとの電流**Y**を，オシロスコープで見たものである。ＡＣアダプターには，どのような機能があるといえるか。簡単に説明せよ。

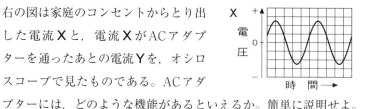

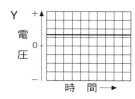

(1)		(2)		
(3)				

□ 編集協力　㈱プラウ21(多田沙菜絵・井澤優佳)　惠下育代　平松元子

□ 本文デザイン　小川純(オガワデザイン)　南彩乃(細山田デザイン事務所)

□ 図版作成　㈱プラウ21　甲斐美奈子

シグマベスト
実力アップ問題集
中2理科

本書の内容を無断で複写(コピー)・複製・転載することを禁じます。また，私的使用であっても，第三者に依頼して電子的に複製すること(スキャンやデジタル化等)は，著作権法上，認められていません。

編　者　文英堂編集部

発行者　益井英郎

印刷所　中村印刷株式会社

発行所　株式会社文英堂

〒601-8121　京都市南区上鳥羽大物町28
〒162-0832　東京都新宿区岩戸町17
(代表)03-3269-4231

実力アップ問題集

EXERCISE BOOK | SCIENCE

解答・解説

中2理科

文英堂

1章 化学変化と原子・分子

❶ 物質のなりたち

p.6～7 基礎問題の答え

1 (1) ウ (2) エ (3) 銀 (4) 分解

解説 酸化銀を加熱すると熱分解(分解)が起こり，酸素と銀になる(酸化銀→酸素＋銀)。

2 (1) 二酸化炭素 (2) 水 (3) 炭酸ナトリウム
(4) イ

解説 (1)(2) 発生した二酸化炭素は，石灰水が白くにごることで確認できる。水は，塩化コバルト紙が青色から赤(桃)色に変わることで確認できる。

3 (1) イ (2) A…オ B…ア (3) 2：1

解説 (1) 純粋な水には電流が流れにくい。
(2)(3) 水に電流を流すと電気分解が起こり，水素と酸素になる。その体積の比は，水素：酸素＝2：1である。

4 (1) ① H ② N ③ Cu ④ Fe
(2) ① 酸素 ② 炭素 ③ 硫黄 ④ 銀

定期テスト対策								
❶おもな元素記号								
水素	炭素	窒素	酸素	硫黄	鉄	銅	銀
H	C	N	O	S	Fe	Cu	Ag

5 ① O_2 ② H_2O ③ CO_2 ④ Ag_2O

解説 ① 酸素の分子は，酸素原子2つが結合したものなので，Oの右下に2を小さく書く。
② 水の分子は，水素原子2つと酸素原子1つが結合したものなので，Hの右下に2を小さく書く。
③ 二酸化炭素の分子は，炭素原子1つと酸素原子2つが結合したものなので，Oの右下に2を小さく書く。
④ 酸化銀は，銀原子と酸素原子が個数で2：1の割合で集まっているので，Agの右下に2を小さく書く。

p.8～9 標準問題の答え

1 (1) 分解[熱分解]
(2) 発生した水が加熱部分に流れこんで，試験

管が割れるのを防ぐため。
(3) CO_2 (4) 炭酸ナトリウム (5) 赤色
(6) こい (7) 赤色 (8) H_2O

解説 (6) フェノールフタレイン溶液の赤色は，弱いアルカリ性ではうすく，強いアルカリ性ではこくなる。炭酸水素ナトリウムの水溶液はアルカリ性だが，炭酸ナトリウムのほうが強いアルカリ性である。

2 (1) 陰極側…H_2 陽極側…O_2 (2) 陰極側
(3) エ

解説 水の電気分解では，水素が陰極側(電源の－極側)，酸素が陽極側(電源の＋極側)にできる。体積の比は，水素：酸素＝2：1なので，陰極側の体積が多い。

3 (1) イ (2) 塩素 (3) Cu

解説 塩化銅を電気分解すると，赤かっ色の銅が陰極に付着し，気体の塩素が陽極側から発生する。

4 ① ○ ② ○ ③ × ④ × ⑤ ○ ⑥ ×

解説 ④ 分子は，物質の性質を示す最小の粒なので，数が1つでも水の分子であれば水の性質を示す。
⑥ H_2 や O_2 は1種類の原子でできている分子である。

定期テスト対策
❶原子は，化学変化でそれ以上分けられない。
❶原子は，化学変化で新しくできたり，種類が変わったり，なくなったりしない。
❶原子は種類ごとに質量や大きさが決まっている。

5 (1) ① N_2 ② CO_2 ③ Fe ④ Ag ⑤ CuO
⑥ NaCl
(2) ① 単体 ② 化合物 ③ 単体 ④ 単体
⑤ 化合物 ⑥ 化合物 (3) ③, ④, ⑤, ⑥

解説 (1) 窒素の分子は，窒素原子2つが結合したもの。二酸化炭素の分子は，炭素原子1つと酸素原子2つが結合したもの。
(3) 金属の単体や，金属の原子をふくむ化合物は，分子をつくらない。

❷ 化学変化と化学反応式

p.12～13 基礎問題の答え

1 (1) ウ (2) A (3) A…イ B…エ
(4) 硫化鉄

解説 試験管Bでは鉄と硫黄が結びついて硫化鉄(黒色)ができている。硫化鉄は磁石に引きつけられず,塩酸と反応すると硫化水素が発生する。
(2) 鉄と硫黄の混合物が入った試験管Aに磁石を近づけると,混合物中の鉄が磁石に引きつけられる。

2 (1) 二酸化炭素 (2) 炭素 (3) 酸素
解説 炭素が酸素と結びつくと二酸化炭素ができる。

3 (1) ●…Cu ○○…O_2 ●○…CuO (2) 1個
(3) 1個ふやす。 (4) $2Cu + O_2 \longrightarrow 2CuO$

定期テスト対策
❶化学反応式では,矢印をはさんで左側(反応前)と右側(反応後)にあるそれぞれの原子の種類と数が等しくなるようにする。

4 (1) CuS (2) FeS (3) Cl_2 (4) H_2O (5) 4Ag
(6) $2H_2$

定期テスト対策
❶銅＋硫黄 ⟶ 硫化銅　　$Cu + S \longrightarrow CuS$
❶鉄＋硫黄 ⟶ 硫化鉄　　$Fe + S \longrightarrow FeS$
❶酸化銀 ⟶ 銀＋酸素　　$2Ag_2O \longrightarrow 4Ag + O_2$
❶水 ⟶ 水素＋酸素　　$2H_2O \longrightarrow 2H_2 + O_2$

1 (1) 反応によって熱が発生したから。
(2) 硫化水素 (3) 名前…硫化鉄
化学式…FeS (4) $Fe + S \longrightarrow FeS$
解説 この実験の反応は,鉄＋硫黄→硫化鉄(物質が結びつく化学変化)。
(2) 硫化鉄に塩酸を加えると,硫化水素が発生する。

2 (1) エ (2) 硫化銅 (3) $Cu + S \longrightarrow CuS$
解説 この実験の反応は,銅＋硫黄→硫化銅(物質が結びつく化学変化)。硫化銅は,銅とも硫黄ともちがう性質をもつ物質である。

3 (1) 酸化銅 (2) $2Cu + O_2 \longrightarrow 2CuO$
解説 (1) この実験の反応は,銅＋酸素→酸化銅(物質が結びつく化学変化)。
(2) 酸素原子の数が等しくなるように,CuOの係数を2にし,銅原子の数が等しくなるように,Cuの係数も2にする。

4 (1) 水 (2) イ (3) 酸素
(4) $2H_2 + O_2 \longrightarrow 2H_2O$
解説 この実験の反応は,水素＋酸素→水(物質が結びつく化学変化)。
(2) 青色の塩化コバルト紙に水をつけると,赤(桃)色に変わる。
(4) 酸素原子の数が等しくなるように,H_2Oの係数を2にし,水素原子の数が等しくなるように,H_2の係数も2にする。

5 $2H_2O \longrightarrow 2H_2 + O_2$
解説 水の電気分解は,水→水素＋酸素という反応である。○●○は水分子(H_2O),○○は水素分子(H_2),●●は酸素分子(O_2)を表している。水素原子の数が矢印の左側で4個,右側で2個なので,矢印の右側の水素分子の数を1個ふやす。

6 (1) $C + O_2 \longrightarrow CO_2$
(2) $2Mg + O_2 \longrightarrow 2MgO$
(3) $CuCl_2 \longrightarrow Cu + Cl_2$
(4) $2Ag_2O \longrightarrow 4Ag + O_2$
解説 化学反応式の矢印の左右で,それぞれの原子の種類と数が等しくなるようにする。
(1) 炭素＋酸素→二酸化炭素という反応である。
(2) マグネシウム＋酸素→酸化マグネシウムという反応である。
(3) 塩化銅→銅＋塩素という反応である。塩素は原子2つが結びついて1つの分子となる。
(4) 酸化銀→銀＋酸素という反応である。銀は金属であり,分子をつくらないので,原子の数4を係数としてAgにつける。

❸ 酸化と還元

1 (1) 酸化鉄 (2) ちがう。 (3) 酸化[燃焼]
(4) エ (5) いえる。
解説 鉄を燃焼(酸化)させると酸化鉄(黒色)になる(鉄＋酸素→酸化鉄)。

2 (1) 二酸化炭素 (2) 炭素 (3) 赤色[桃色]
(4) 水 (5) 水素
解説 (3) 青色の塩化コバルト紙は,水をつけると赤(桃)色になる。

❶有機物には炭素と水素が成分としてふくまれる。燃焼すると，有機物中の炭素が酸化されて二酸化炭素になり，水素が酸化されて水になる。

③ (1) 銅　(2) 白くにごった。　(3) 二酸化炭素
　(4) 炭素　(5) 酸化銅　(6) エ

解説 (6) 酸化銅の化学式は CuO である。化学反応式の矢印の左右では，それぞれの原子の種類と数が等しくなっていなければならない。

❶酸化銅と炭素を混ぜて加熱すると，酸化銅が還元されて銅ができる。このとき同時に，炭素が酸素と結びついて二酸化炭素ができる。
（酸化銅＋炭素→銅＋二酸化炭素）

④ (1) 鉄を酸化しやすくするため。　(2) 上がった。
　(3) 発生した。　(4) 発熱反応　(5) ウ

解説 この実験では鉄が酸化されている。鉄の酸化は熱が出る発熱反応である。

p.20〜21　標準問題の答え

① (1) 泡を出さずに溶ける。
　(2) ならない。
　(3) 物質名…酸素　化学式… O_2　(4) ア
　(5) 物質名…酸化マグネシウム
　　　化学式… MgO
　(6) $2Mg + O_2 \longrightarrow 2MgO$

解説 (6) 酸化マグネシウムの化学式は MgO である。化学反応式の矢印の左右では，各原子の数が同じになっていなければならない。

② (1) 物質名…水　化学式… H_2O　(2) 水素
　(3) 物質名…二酸化炭素　化学式… CO_2
　(4) 炭素　(5) 有機物　(6) イ，エ，オ

解説 (6) 炭素や二酸化炭素は，炭素原子をふくんではいるが，有機物ではない。メタンやプロパンは，家庭用の燃料ガスとして用いられ，エタノールはアルコールランプの燃料として用いられている。

③ (1) 銅　(2) CO_2　(3) $2CuO + C \longrightarrow 2Cu + CO_2$
　(4) 酸化された物質…炭素
　　　還元された物質…酸化銅

解説 酸化銅＋炭素→銅＋二酸化炭素という化学変化である。炭素は銅より酸素と結びつきやすく，酸化銅から酸素原子をうばって二酸化炭素になる。

④ (1) CuO　(2) $CuO + H_2 \longrightarrow Cu + H_2O$
　(3) 酸化された物質…水素
　　　還元された物質…酸化銅
　(4) $2Cu + O_2 \longrightarrow 2CuO$

解説 銅線が黒色に変化しているときには，銅が空気中の酸素と結びついている(酸化)。これを熱いうちに水素の入った試験管に入れると，水素が酸化銅から酸素原子をうばって水になるので，酸化銅は還元されて銅にもどる(酸化銅＋水素→銅＋水)。

⑤ (1) ビーカーの外に出さないようにするため。
　(2) 吸熱反応　(3) イ

解説 (1) アンモニアは有害なので，できるだけビーカーの外に出ないようにする。アンモニアは水に溶けやすいので，ぬれたろ紙に吸収される。

❶吸熱反応の例
　①塩化アンモニウムと水酸化バリウムの反応
　②炭酸水素ナトリウムとクエン酸の反応

❹ 化学変化と物質の質量

p.24〜25　基礎問題の答え

① (1) 白色　(2) ウ　(3) 質量保存の法則

解説 (1)(2) うすい硫酸とうすい水酸化バリウム水溶液を混ぜると，硫酸バリウム(白色)と水ができる。硫酸バリウムは水に溶けにくいので沈殿となる。

❶化学変化の前後で，物質全体の質量は変わらない。これを質量保存の法則という。

② (1) 二酸化炭素　(2) イ　(3) ウ

解説 (1) 炭酸水素ナトリウムとうすい塩酸の反応で，塩化ナトリウムと水と二酸化炭素(気体)ができる。
(2) 密閉しているので，発生した二酸化炭素は容器内にそのまま残り，質量保存の法則が成り立つ。
(3) ふたをしていないので，発生した二酸化炭素は容器外に逃げ，その分だけ質量が小さくなる。

③ (1) **4回目** (2) **ウ** (3) **0.1 g**

解説 (2)(3) 0.4 gの銅が完全に酸化されて0.5 gになっているので，0.5 − 0.4 = 0.1 gの酸素と結びついたことがわかる。

定期テスト対策

❶ 酸化では，結びついた酸素の分だけ質量がふえる。

④ (1) **1.0 g** (2) **0.2 g** (3) **ウ** (4) **0.3 g** (5) **2.5 g**
(6) **1.6 g**

解説 (1) グラフの横軸が銅の質量，縦軸が酸化銅の質量を示しているので，横軸の値が0.8 gのときの縦軸の値を読みとる。
(2) （酸化銅の質量）−（銅の質量）＝（銅と結びついた酸素の質量）
であるから，1.0 − 0.8 = 0.2 g
(3) 0.8 gの銅の酸化では，0.2 gの酸素と結びついているので，0.8 : 0.2 = 4 : 1
(4) （銅の質量）：（酸素の質量）＝ 4 : 1
で結びつくので，1.2 gの銅を完全に酸化させるときに結びつく酸素の質量を x〔g〕とすると，
　　$4 : 1 = 1.2 : x$　よって，$x = 0.3$ g
より，酸素**0.3 g**が結びつく。
(5)(6) （銅の質量）：（酸素の質量）＝ 4 : 1
なので，
　　（銅の質量）：（酸化銅の質量）＝ 4 : 5
したがって，2.0 gの銅を完全に酸化させるときにできる酸化銅の質量を y〔g〕とすると，
　　$4 : 5 = 2.0 : y$　よって，$y = 2.5$ g
より，酸化銅**2.5 g**ができる。
　また，酸化銅を2.0 g得るのに必要な銅の質量を z〔g〕とすると，
　　$4 : 5 = z : 2.0$　よって，$z = 1.6$ g
より，銅**1.6 g**が必要である。

p.26〜27 標準問題の答え

① (1) **×** (2) **○** (3) **△** (4) **×** (5) **○** (6) **○**

解説 気体の出入りがないものは質量が変化しない。
(1)では炭酸ナトリウムと水と二酸化炭素ができる。二酸化炭素は空気中に逃げるので，質量が減る。
(2)では二酸化炭素が発生するが，密閉しているので，質量は変化しない。
(3)では空気中の酸素が鉄に結びつく分質量がふえる。
(4)では水素が発生して逃げていくので質量は減る。
(5)では硫酸バリウムができて沈殿するので，質量は

変化しない。
(6)では鉄と硫黄が結びついて硫化鉄ができるが，気体の出入りはなく，質量は変化しない。

② (1) **二酸化炭素** (2) **イ** (3) **質量保存の法則**
(4) **ア**

解説 (1) 二酸化炭素を発生させる代表的な方法である。
(4) ふたをゆるめたので**発生した二酸化炭素が逃げ**，その分 c の値は a の値より小さくなる。

③ (1) **5個** (2) **5個**

解説 (1) 銅原子2個と酸素の分子1個（酸素原子2個）が結びついて酸化銅が2個できる。したがって，銅原子10個と過不足なく反応する酸素の分子は5個（酸素原子10個）である。
(2) 10 − 5 = 5個

④ (1) **酸化マグネシウム**
(2) **1.0 g**
(3) **0.4 g**
(4) **右図**
(5) **3 : 2**
(6) ① **0.8 g**
　　② **2.5 g**
　　③ **1.8 g**
　　④ **1.4 g**

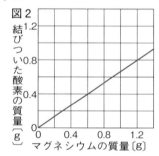
図2
結びついた酸素の質量〔g〕
マグネシウムの質量〔g〕

解説 (2)〜(5) 図1より，0.6 gのMg（マグネシウム）の酸化では，1.0 gの酸化物ができたとわかる。結びついた酸素の質量は，1.0 − 0.6 = 0.4 g
よって，
　（Mgの質量）：（酸素の質量）＝ 0.6 : 0.4 = 3 : 2
(6) （Mgの質量）：（酸素の質量）：（酸化物の質量）
　　＝ 3 : 2 : 5
であるから，求める質量をそれぞれ a，b，c，d とおいて，必要な値を使って計算する。
① $3 : 2 = 1.2 : a$　　$a = 0.8$ g
② $3 : 5 = 1.5 : b$　　$b = 2.5$ g
③ $3 : 5 = c : 3.0$　　$c = 1.8$ g
④ $2 : 5 = d : 3.5$　　$d = 1.4$ g

⑤ (1) ① **0.40 g** ② **0 g** ③ **2.00 g** (2) **4 : 1**
(3) ① **0.33 g** ② **0.28 g** ③ **1.65 g**

解説 (1)① 最初とくらべて質量がふえた分が，結びついた酸素の質量なので，2.00 − 1.60 = 0.40 g
②③ 質量が変化しなくなったあとなので，銅はす

べて酸化銅になっている。

(2) 銅 1.60 g と酸素 0.40 g が結びついたので,

$$1.60 : 0.40 = 4 : 1$$

(3)① 結びついた酸素の質量は,$1.93 - 1.60 = 0.33$ g

②③ (銅の質量):(酸素の質量) $= 4 : 1$

であるから,酸化した銅の質量は,

$$4 : 1 = x : 0.33 \quad よって,\quad x = 1.32 \, g$$

したがって,酸化しないで残っている銅は,

$$1.60 - 1.32 = 0.28 \, g$$

また,できた酸化銅は,$0.33 + 1.32 = 1.65$ g

---

p.28〜31　実力アップ問題の答え

1 (1) 発生した水が加熱部分に流れこんで,試験管が割れるのを防ぐため。

(2) 名前…二酸化炭素　化学式…CO_2

(3) 赤色[桃色]　(4) 水　(5) イ　(6) 分解

(7) イ,ウ

2 (1) 名前…硫化鉄　化学式…FeS

(2) 引きつけられない。　(3) 硫化水素

(4) イ

3 (1) 空気をスチールウールの内部に送り,内部までよく反応させるため。

(2) ア,エ　(3)① 酸素　② 酸化　③ 燃焼

4 (1)① イ　② オ　(2) $2Cu + O_2 \longrightarrow 2CuO$

(3) 還元された物質…酸化銅
　　酸化された物質…水素

5 (1) 実験1…イ　実験2…エ

(2) 変化していない。　(3) 質量保存の法則

(4) 発生した気体が逃げていくので,質量が減る。

6 (1) $2Mg + O_2 \longrightarrow 2MgO$　(2) **0.51 g**

(3) 下図　(4) **3:2**

(5)① **1.25 g**　② **1.05 g**

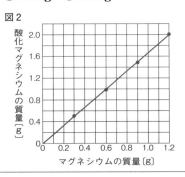

図2

酸化マグネシウムの質量〔g〕

マグネシウムの質量〔g〕

解説 **1** 炭酸水素ナトリウムを加熱すると,分解(熱分解)が起きて,二酸化炭素と水,炭酸ナトリウムができる。なお,この化学変化の化学反応式は,

$$2NaHCO_3 \longrightarrow Na_2CO_3 + H_2O + CO_2$$

(1) ガラス容器の熱くなっている部分が,水などで急に冷やされると割れることがあるので,液体が発生する実験をするときには,ガラス容器の加熱部分に液体が流れこまないように注意する。

(2) 二酸化炭素は,炭素原子1つと酸素原子2つが結合した分子である。酸素原子の個数2は,酸素の原子の記号Oの右下に小さく書く。

(5) 炭酸ナトリウムは水によく溶ける。また,フェノールフタレイン溶液は,酸性や中性の水溶液に入れた場合は無色で,アルカリ性の水溶液に入れると赤色になる。

(7) アは銅と硫黄が結びつく反応である。イは水の電気分解である。水の電気分解を行うときには,電流を流れやすくするために,水酸化ナトリウムを溶かしておく。ウは酸化銀の熱分解である。エは炭素の酸化である。

2 (1) この実験では,鉄(Fe)と硫黄(S)が結びついて硫化鉄(FeS)ができている。

(4) 鉄と硫黄が結びつく反応は発熱反応である。

　アは鉄の酸化であり,発熱反応である。この化学変化は,携帯用のかいろ(化学かいろ)に利用されている。イはアンモニアが発生する化学変化で,吸熱反応である。ウは水素が発生する化学変化で,発熱反応である。エは水酸化カルシウムができる化学変化で,発熱反応である。この化学変化は,火がなくてもあたためられる弁当などに利用されている。また,酸化カルシウムは食品の乾燥剤などにも使われている。

3 (1) スチールウールを燃やすときに,空気を内部に送りこまないと,内部は酸素が不足して十分に燃えないことがある。

(2) スチールウール(鉄)が燃えてできた酸化鉄は,鉄とは異なった性質の物質である。

(3) ある物質が他の物質と結びついて別の物質ができる化学変化のうち,酸素と結びつく反応を酸化という。酸化のうち,熱や光を出しながら激しく進む反応を燃焼という。また,金属がさびるときには,おだやかに酸化されている。

4 (1)(3) ① では銅が酸化されて黒色の酸化銅になっている。② では酸化銅が水素によって還元されて,赤かっ色の銅にもどっている。② での反応を化学反

応式で示すと，$CuO + H_2 \longrightarrow Cu + H_2O$

(2) 銅はCu，酸素はO_2，酸化銅はCuOである。**矢印の左右で，酸素原子の数が等しくなるように**，CuOの係数を2にし，銅原子の数も等しくなるように，Cuの係数も2にする。

⑤(1)(2) うすい硫酸とうすい水酸化バリウム水溶液を混ぜると，硫酸バリウムと水ができる。硫酸バリウムは水に溶けにくく，水溶液の中で**沈殿**となるため，全体の質量は変化しない。

(4)気体が発生する化学反応では，容器を密閉しておけば質量保存の法則が成り立つ。しかし，容器を密閉していないと発生した気体が逃げてしまうため，その分だけ全体の質量が減る。

⑥(2)(3) それぞれのステンレス皿での実験前後の質量とステンレス皿の質量から，マグネシウムと酸化マグネシウムの質量はそれぞれ，

（マグネシウムの質量）
＝（加熱前の全体の質量）−（ステンレス皿の質量）
（酸化マグネシウムの質量）
＝（加熱後の全体の質量）−（ステンレス皿の質量）

の計算で求めることができ，次の表のような結果になる。

ステンレス皿	マグネシウムの質量〔g〕	酸化マグネシウムの質量〔g〕
A	0.30	**0.51**
B	0.60	0.99
C	0.90	1.49
D	1.20	2.01

　測定結果には誤差があるので，グラフに示すときには，すべての点のなるべく近くを通る直線となるようにする。また，直線は原点を通るようにする。

(4)図2のグラフより，マグネシウムと酸化マグネシウムの質量の比は，3：5である。よって，マグネシウムと酸素の質量の比は，3：2である。

(5)① 加熱後の全体の質量12.24gのうち，ステンレス皿Aの質量は9.94gであるから，ステンレス皿の上にある物質の質量は，$12.24 - 9.94 = 2.30$ g

　最初のマグネシウムの質量は1.80gなので，質量は，
　　$2.30 - 1.80 = 0.50$ g

ふえたことになる。これが，**マグネシウムに結びついた酸素の質量**である。

（酸素の質量）：（酸化マグネシウムの質量）＝2：5

であるから，酸化マグネシウムの質量をx〔g〕とすると，$2 : 5 = 0.50 : x$　よって，　$x = 1.25$ g

② ステンレス皿の上の物質2.30gのうち，酸化マグネシウムは1.25gなので，残っているマグネシウムの質量は，$2.30 - 1.25 = 1.05$ g

---

2章 生物のからだのつくりとはたらき

❶ 生物と細胞

p.34〜35　**基礎問題の答え**

1 (1) A…核　B…細胞膜　(2) **1つ**　(3) イ

解説 (3) 酢酸カーミン溶液は染色液の1つで，核を赤色に染めて見やすくすることができる。

2 (1) A…液胞　B…細胞壁　C…細胞膜
　　D…核　E…葉緑体
　(2) 細胞質　(3) D　(4) C，D
　(5) A…イ　B…ア　E…ウ　(6) ア，ウ

解説 (3) 酢酸オルセイン溶液は染色液の1つで，核を赤紫色に染めて見やすくすることができる。
(6) 葉緑体は植物の緑色をした部分の細胞にある。

定期テスト対策

❶細胞のつくり

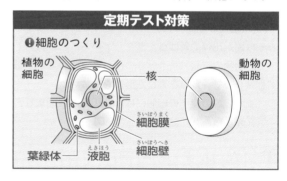

3 (1) A…△　B…△　C…○　D…△
　　E…△　(2) 単細胞生物　(3) 多細胞生物
　(4) A，B，D，E

解説 単細胞生物は，**1つの細胞がからだ全体なので**，その中にすべての生命活動を行うためのしくみがそろっている。

定期テスト対策

❶単細胞生物は，からだが1つの細胞だけでできている生物。ミドリムシ，ゾウリムシ，ミカヅキモ，アメーバなど。
❷多細胞生物は，からだが複数の細胞でできている生物。ミジンコ，オオカナダモ，ヒトなど。

4 (1) 組織 (2) 器官

解説 多細胞生物のからだは，さまざまな形やはたらきの細胞が集まってできている。それらのうち，**形やはたらきが同じ細胞が集まって組織ができ，組織が集まって器官ができ，器官が集まって個体ができ**ている。

1 (1) 核 (2) 葉緑体 (3) 光合成

解説 植物の葉や茎の緑色の部分の細胞には葉緑体があり，ここで**光合成**が行われている。

2 (1) ① **15倍** ② **40倍** (2) 反射鏡 (3) イ
(4) ① 細胞 ② 細胞膜 ③ 細胞壁
(5) ① B ② C

解説 (1) 顕微鏡で観察するときの倍率は，
接眼レンズの倍率×対物レンズの倍率
対物レンズの倍率をx，yとすると，
① $10 \times x = 150$ $x = 15$倍
② $15 \times y = 600$ $y = 40$倍
(2) 視野の明るさが不均一になるのは，反射鏡の向きがずれて，視野全体に均等に光が入ってこないからである。
(4)(5) 植物の細胞は細胞壁に囲まれて固定されているので，比較的角ばった形をしている。これに対して，動物の細胞の最も外側の部分は，やわらかい細胞膜なので，丸みを帯びた形になっている。
　また，**葉の裏側の細胞には，孔辺細胞に囲まれた気孔が多数あり，蒸散**を行っている。

3 (1) A，D，F (2) A，B，D，E (3) A

解説 Aは液胞，Bは細胞質の一部，Cは核，Dは葉緑体，Eは細胞膜，Fは細胞壁である。
(2) 細胞質は，核（C）と細胞壁（F）以外の部分すべてのことである。
(3) アサガオなどの**花弁の色**は，液胞内の色素の色である。

4 (1) D (2) 1つ (3) 単細胞生物 (4) ア，ウ
(5) ア，イ，エ

解説 Aは水分の調節を行う部分，Bは運動のはたらきをする部分，Cは消化のはたらきをする部分，Dは核，Eは口のはたらきをする部分である。
(4) 単細胞生物には，消化のはたらきをする部分はあるが，胃のような器官はない。

❷ 植物のからだのつくりとはたらき

1 (1) 酸素 (2) 気孔 (3) 師管 (4) 日光[光]
(5) 葉どうしがたがいに重なり合わないようについている。

解説 (1) 光合成では，二酸化炭素と水から，栄養分（デンプン）と酸素ができる。
(3) 光合成でつくられた栄養分は，師管を通して運ばれる。このとき，デンプンは水に溶けにくいので，水に溶けやすい物質に変えて運びやすくしている。
(5) 光合成を行うには日光に当たる必要があるので，葉どうしで日光をさえぎらないようになっている。

2 (1) ウ (2) ア (3) エ

解説 植物に日光が当たっていないときには，光合成は行われず，呼吸だけが行われている。そのため，**酸素は植物にとり入れられて減り，二酸化炭素は植物から放出されてふえる。**

3 (1) 葉緑体 (2) 青紫色 (3) デンプン
(4) イ，エ，オ

解説 光合成は，日光のエネルギーを利用して，水と二酸化炭素からデンプン（栄養分）をつくり出すはたらき。光合成が行われると，酸素もできる。
(2)(3) 葉緑体では，光合成によってデンプンがつくられているので，ヨウ素溶液で青紫色に染まる。

4 (1) 根毛 (2) A (3) B (4) 維管束
(5) 記号…d 名前…気孔

解説 (2)(3) 師管は，茎では外側，葉では裏側にある。道管は，茎では内側，葉では表側にある。

定期テスト対策
❶道管は，水と肥料分の通り道。
❶師管は，葉でできた栄養分の通り道。
❶維管束は，道管と師管が束になったもの。

1 (1) 葉緑体
(2) イ→ア→エ→ウ
(3) A
(4) ① AとD ② AとB

解説 (2) あたためたエタノールに葉をつける前に熱

湯につけることで，葉がやわらかくなり，エタノールがしみこみやすくなる。また，ヨウ素溶液につける前にエタノールで葉を脱色することで，ヨウ素溶液での反応が見やすくなる。

(4)① 光は当たっており，葉が緑色かどうか，という条件だけがちがっている組み合わせを選ぶ。ふ入りの部分は葉緑体がないために白っぽくなっている。
② 葉緑体があり，光が当たっているかどうか，という条件だけがちがっている組み合わせを選ぶ。

2 (1)二酸化炭素
(2)タンポポの葉は，二酸化炭素をとり入れること。 (3)対照実験

解説 二酸化炭素があると石灰水が白くにごる。
(1) 呼気は，ヒトの呼吸の結果はき出された空気なので，二酸化炭素の割合が多くなっている。
(2)(3) Bを行わずにAだけを行うと，タンポポの葉のはたらきによって変化が起きたのかどうかわからない。もし仮に，AもBも同じ結果になれば，タンポポの葉の有無は関係がないといえる。

3 (1)水面から水が蒸発するのを防ぐため。
(2)① ア　② イ
(3)A→B→C
(4)① 根毛　② 道管　③ 気孔　④ 裏

解説 (1) この実験では，蒸散によってどれだけ水が減るかをはかるので，それ以外の理由で水が減ることを防ぐ必要がある。
(2) ワセリンをぬると，その部分からは蒸散ができなくなる。そのため，B，Cではワセリンをぬった側からの蒸散がなくなっている。
(4) 根の根毛などで吸収された水は，道管を通って葉に運ばれ，おもに気孔から蒸散によって出ていく。

4 (1)図1
(2)A…師管　B…道管
(3)A，C
(4)B，D

解説 (2) 維管束の配置が輪状でもばらばらでも，茎であれば，それぞれの維管束で，師管は外側，道管は内側という配置になっている。
(4) 根からとり入れた水は道管を通るので，赤インクで着色した水を吸わせると，道管が赤く染まる。

p.44～47 **実力アップ問題**の答え

1 (1)A　(2)核　(3)イ
(4)① 記号…e　名前…液胞
② 記号…c　名前…細胞壁
(5)多細胞生物

2 (1)A…接眼レンズ　B…対物レンズ
C…しぼり　D…反射鏡　E…調節ねじ
(2)C，D　(3)イ，ウ　(4)① 40倍　② C
③ A，B，C　④ 単細胞生物

3 (1)A…イ　B…ウ
(2)出す気体…二酸化炭素
とり入れる気体…酸素　(3)ウ

4 (1)A…師管　B…道管　(2)維管束
(3)B　(4)C…ひげ根　D…主根
E…側根　(5)根毛

5 (1)ワセリンをぬった部分から，水が蒸発しないようにするため。 (2)A
(3)① 裏　② 蒸散　③ 気孔　④ 裏

6 (1)二酸化炭素　(2)A…中性
B…アルカリ性　C…酸性
(3)B…二酸化炭素が光合成に使われて減ったから。　C…二酸化炭素が呼吸で出されてふえたから。

7 (1)脱色して色の変化を見やすくするため。
(2)デンプン　(3)日光が当たること，葉が緑色であること

解説 1 aは核，bは細胞膜，cは細胞壁，dは葉緑体，eは液胞である。
(1) 細胞壁，葉緑体，液胞は，植物の細胞にはあるが，動物の細胞にはない。
(2) 動物と植物の細胞に共通するのは，核と細胞膜である。
(3) 核をよく染めることができる染色液は，**酢酸オルセイン溶液，酢酸カーミン溶液，酢酸ダーリア溶液**などである。ベネジクト溶液はブドウ糖や麦芽糖などがあるかどうかを調べるときに使う薬品である。BTB溶液は水溶液が酸性・中性・アルカリ性のどれなのかを調べるときに使う薬品である。
2 (4)②③④ Aはミカヅキモ，Bはハネケイソウ，Cはミドリムシ，Dはミジンコである。ミジンコの

ように，形や大きさ，はたらきが異なる細胞がたくさん集まってできている生物を**多細胞生物**，ハネケイソウやミカヅキモ，ミドリムシのように，からだが1つの細胞でできている生物を**単細胞生物**という。

③ 日光が当たっているとき(昼)には，植物は光合成と呼吸の両方を行っている。日光が当たっていないとき(夜)には，植物は呼吸だけを行っている。

④ (1)(2)(3) 植物の茎や根には，光合成でつくられた栄養分の通り道である**師管**と，根で吸収した水や肥料分の通り道である**道管**があり，師管と道管が束になって維管束となっている。茎での師管と道管の位置関係は，必ず師管が外側，道管が内側である。
(5) 根の先端近くには，細くて毛のような根毛がある。根毛によって表面積が大きくなり，多くの水や肥料分を吸収できるようになっている。

⑤ (1) ワセリンは肌の保湿用クリームなどに使われるもので，水が蒸発するのを防ぐことができる。
(2)(3) 気孔は孔辺細胞で囲まれたすき間で，植物が蒸散で出す水蒸気は，おもに気孔から出ている。気孔は葉の裏に多いので，葉の表よりも裏からの蒸散量のほうが多い。そのため，葉の裏にワセリンがぬられていない**A**のほうが，水が減る量が多くなる。

⑥ **BTB溶液**は，アルカリ性では青色，中性では緑色，酸性では黄色になる。**B**では，水中の二酸化炭素が光合成に使われて減った結果，液が再びアルカリ性にもどっている。**B**では呼吸も同時に行われているが，呼吸によって出される二酸化炭素の量よりも，光合成に使われる二酸化炭素の量のほうが多い。また，**C**には光が当たらないようにしているので，光合成は行われず，呼吸だけが行われる。その結果，水中の二酸化炭素がふえ，液が酸性になる。

⑦ (1)(2) デンプンができている場合には，葉をヨウ素溶液にひたすと青紫色になる。葉をあたためた**エタノール**につけると，**葉緑体にふくまれる色素が溶け出して脱色され**，色の変化がわかりやすくなる。
(3) 光合成が行われるとデンプンができるので，葉がヨウ素溶液によって青紫色になった部分は，光合成をした部分である。葉Aと葉Bの緑色の部分の結果をくらべると，光合成が行われるには日光が当たることが必要であるとわかる。また，葉Bの緑色の部分とふの部分の結果をくらべると，光合成が行われるのは緑色の部分であることがわかる。

❸ 栄養分の消化と吸収

p.50〜51　基礎問題の答え

1 (1) A…肝臓　B…胆のう　C…胃
　　　D…すい臓　E…大腸　F…小腸
(2) ウ　(3) 消化液
(4) だ液…だ液せん　胃液…胃
　　すい液…すい臓
(5) F

解説 食物は消化管(口→食道→胃(C)→小腸(F)→大腸(E)→肛門)を通る間に消化され，小腸で栄養分が吸収される。すい臓(D)はすい液をつくる消化器官で，すい液は小腸に出てはたらく。

2 (1) A…ア　B…エ　C…ウ　D…ア
(2) ① 水　② だ液　③ ベネジクト溶液

解説 AとBでは，デンプンがだ液によって分解されてなくなり，麦芽糖などに変化している。したがって，Aではヨウ素溶液が反応せず，Bではベネジクト溶液が反応して赤かっ色の沈殿ができる。CとDではデンプンは変化せず，麦芽糖などはできていない。したがって，Cではヨウ素溶液が反応して青紫色になり，Dではベネジクト溶液が反応しない。

3 (1) アミラーゼ　(2) ペプシン
(3) A…ブドウ糖　B…アミノ酸
(4) 脂肪

定期テスト対策
●デンプンは，だ液中のアミラーゼなどのはたらきによって，ブドウ糖にまで消化される。
●タンパク質は，胃液中のペプシンなどのはたらきによって，アミノ酸にまで消化される。
●脂肪は，胆汁やすい液のはたらきによって，脂肪酸とモノグリセリドに消化される。

4 (1) 柔毛　(2) B…毛細血管　C…リンパ管
(3) イ，エ

定期テスト対策
●ブドウ糖とアミノ酸は，柔毛の毛細血管に入る。
●脂肪酸とモノグリセリドは，柔毛で吸収された後，再び脂肪になってリンパ管に入る。

1 (1) デンプン
　(2) （沸騰石を入れて，）加熱する。
　(3) デンプンは，だ液により麦芽糖などに分解
　　　された。

解説 Aは，ヨウ素溶液による反応がないことからデンプンがなく，ベネジクト溶液による反応があったことから麦芽糖などがある，ということがわかる。Bは，ヨウ素溶液による反応があったことからデンプンがあり，ベネジクト溶液による反応がないことから麦芽糖などがない，ということがわかる。

2 (1) ウ　(2) ア，イ
　(3) ① できない　② できる

解説 だ液中のアミラーゼは，ブドウ糖の分子がたくさんつながってできているデンプンをばらばらにする。消化は，栄養分の大きな分子を，吸収しやすい小さな分子にするはたらきのことである。

3 (1) ① 記号…A　名前…だ液せん
　　 ② 記号…D　名前…胃
　　 ③ 記号…F　名前…すい臓
　　 ④ 記号…C　名前…肝臓
　(2) ウ　(3) エ
　(4) ① ウ　② ア，エ　③ イ

解説 (1) 胆汁は肝臓でつくられてから，胆のうにためられ，小腸に出されてはたらく。
(4) トリプシンはタンパク質，リパーゼは脂肪を分解する消化酵素で，ともにすい液にふくまれる。

4 (1) 小腸　(2) 柔毛
　(3) 表面積が広がり，吸収の効率が上がる。
　(4) 脂肪酸とモノグリセリド
　(5) B　(6) ① A　② A　③ A

解説 (1)(2) 食物の栄養分は，吸収しやすい小さな分子にまで消化されて，小腸の柔毛から吸収される。
(5)(6) ブドウ糖やアミノ酸，無機物などの多くの栄養分は毛細血管に入っていくが，脂肪だけはリンパ管に入る。これは，脂肪が毛細血管に入ると血管がつまってしまうからである。脂肪が消化された脂肪酸とモノグリセリドは，柔毛で吸収されてから再び脂肪になってリンパ管に入り，リンパ管が太い血管と合流しているところで，血液に入る。

❹ 血液とその循環

1 (1) A…ア　B…エ　C…ウ　D…イ
　(2) A，C，D
　(3) ① D　② B　③ C　④ A
　(4) ヘモグロビン

定期テスト対策
❶赤血球は，ヘモグロビンをふくみ，酸素を運ぶ。
❷白血球は，細菌などの異物をとり除く。
❸血小板は，出血したときに血液を固まらせる。
❹血しょうは，栄養分と，二酸化炭素やそのほかの不要な物質などを運ぶ。
❺組織液は，血しょうが血管からしみ出たもので，血管と細胞との間で，物質のやりとりのなかだちをする。
---

2 (1) 全身に血液を送り出す。　(2) 拍動
　(3) B，C　(4) 毛細血管

解説 (3) 動脈は心臓から出る血液が通る血管である。Aは大静脈，Bは大動脈，Cは肺動脈，Dは肺静脈を示している。

3 (1) A　(2) A…動脈　B…静脈
　(3) 血液の逆流
　(4) b

解説 (1)(2) 心臓から出る血液が通る動脈は，血液の流れる勢いが強いので，血管の壁が厚く，弾力がある。
(3)(4) 心臓へもどる血液が通る静脈は，血液の流れる勢いが弱いので，逆流を防ぐ弁がある。血液がaの方向に流れそうになると，弁が閉じ，逆流しないようになっている。

4 (1) A…イ　B…エ　C…ア　D…ウ
　(2) A…静脈血　B…動脈血　C…動脈血
　　 D…静脈血
　(3) ① 肺循環　② 体循環
　(4) エ　(5) イ，エ

定期テスト対策
❶2つの血液の循環
肺循環：心臓→（肺動脈）→肺→（肺静脈）→心臓
体循環：心臓→（大動脈）→全身→（大静脈）→心臓
---

1 ① × ② × ③ ○ ④ ○ ⑤ ×

解説 ①は血しょうの特徴であり，②は血小板の特徴である。⑤は，固形成分として血小板が抜けている。

2 (1) イ (2) ア (3) 閉じる。
(4) A…大動脈 B…肺静脈 C…大静脈
(5) 多い。 (6) ① 強い ② 厚く ③ ある
(7) 静脈 (8) 血液の逆流を防ぐ。

解説 (1)(2) 心臓の動き方と血液の流れは次の通り。
①心房が広がり，血液が心房に流れこむ。②心房が収縮して，心室が広がり，血液が心房から心室に流れこむ。③心室が収縮し，血液が流れ出る。
(3) 心房と心室の間には弁があり，心室から心房に血液が逆流しないようになっている。
(4) 全身からもどってきた血液は，大静脈（C）から右心房に入る。それから，右心房→右心室→肺動脈→肺→肺静脈（B）→左心房→左心室→大動脈（A）→全身→…と流れていく。
(5) 血液は肺動脈→肺→肺静脈（B）と流れ，肺で二酸化炭素を出し，酸素を受けとる。
(7)(8) 静脈には，血液の逆流を防ぐための弁がある。

3 (1) エ (2) 組織液 (3) X (4) 赤血球
(5) 酸素を運ぶ。 (6) ヘモグロビン

解説 (3) 毛細血管は動脈と静脈をつないでいるので，赤血球（Aの粒）は動脈側から静脈側へと流れている。したがって，Xの矢印の先が動脈である。

4 (1) C，F (2) D，F (3) I (4) 肝臓
(5) ① 減る。 ② ふえる。 ③ 減る。

解説 (3)(4) 栄養分は小腸で吸収されるので，小腸を通った直後の血液には多くの栄養分がふくまれている。その後，栄養分の一部は肝臓にたくわえられ，残りは全身に運ばれて，細胞にわたされる。

定期テスト対策

❶動脈と静脈
・動脈は，心臓から出る血液が通る血管。
・静脈は，心臓へもどる血液が通る血管。
❶動脈血と静脈血
・動脈血は，酸素を多くふくむ血液。
・静脈血は，酸素が少なく，二酸化炭素を多くふくむ血液。

1 (1) イ (2) ① D ② A (3) A，B (4) ウ

2 (1) B…肝臓 E…すい臓
(2) A (3) アミラーゼ (4) 胃液 (5) イ
(6) 記号…G 名前…小腸
(7) ① アミノ酸
② 脂肪酸とモノグリセリド

3 (1) 記号…A 名前…赤血球
(2) 酸素の多いところでは酸素と結びつき，酸素の少ないところでは酸素をわたす。
(3) C
(4) D (5) 組織液

4 (1) C (2) A，C (3) 収縮する。
(4) 体循環

5 (1) 消化酵素 (2) 物体X…ブドウ糖
物体Y…アミノ酸 (3) 肝臓 (4) すい液
(5) 柔毛 (6) ウ，エ

6 (1) ウ (2) イ

7 (1) C
(2) 血液が逆流することを防ぐはたらき。
(3) ① b，d ② c，d

解説 **1** 試験管AとCにはだ液を加えていないので，デンプンが分解されずに残ったままとなっている。これに対して，試験管BとDにはだ液を加えているので，デンプンが分解されて，麦芽糖などになっている。
(2) 赤かっ色の沈殿ができるのは，麦芽糖などが入った試験管にベネジクト溶液を加えて加熱したときである。また，青紫色になるのは，デンプンが入った試験管にヨウ素溶液を加えたときである。
2 Aはだ液せん，Bは肝臓，Cは胆のう，Dは胃，Eはすい臓，Fは大腸，Gは小腸である。
(1) 肝臓は，横隔膜の下側にある大きな臓器で，おとなでは，質量が1000〜1500gにもなる。
すい臓は，胃と小腸の間の十二指腸という部分につながっている，細長いくさび形の臓器で，すい液をつくる。すい液は腸内に出されて，デンプン，タンパク質，脂肪を分解する消化液である。
(2)(3) だ液はだ液せんでつくられる消化液であり，アミラーゼをふくんでいる。アミラーゼはデンプンを分解する消化酵素で，すい液にもふくまれている。

(4)(5) 胃液は胃でつくられる消化液であり，ペプシンをふくんでいる。ペプシンは**タンパク質を分解**する消化酵素である。

(6) 消化されて小さな分子になった栄養分を吸収するのは，小腸の壁のひだの表面にある**柔毛**である。

(7) タンパク質は，アミノ酸に分解されて小腸の柔毛に吸収され，**柔毛の毛細血管**に入る。脂肪は，脂肪酸とモノグリセリドに分解されて小腸の柔毛に吸収され，再び脂肪になって**柔毛のリンパ管**に入る。

3 血液の成分のうち，赤血球，白血球，血小板は固体成分であり，血しょうは液体成分である。**赤血球には，ヘモグロビンという物質がふくまれており，この物質には，酸素が多いところでは酸素と結びつき，酸素の少ないところでは酸素をはなす性質がある。**血しょうには，栄養分や，細胞の呼吸（細胞呼吸）でつくられた二酸化炭素を運ぶはたらきがある。**血しょうの一部は，毛細血管からしみ出て組織液となり，**細胞のまわりを満たして，酸素や二酸化炭素，栄養分や不要物の交換のなかだちをしている。また，白血球には，からだに入ってきた細菌などをとらえるはたらきがあり，血小板には，出血したときに血液を固めるはたらきがある。

4 血液の流れは，**全身→右心房→右心室→肺→左心房→左心室→全身→**…となっている。

全身から右心房へ入っていく血液が通る血管**A**が**大静脈**，右心室から肺へ送り出される血液が通る血管**C**が肺動脈，肺から左心房へ入っていく血液が通る血管**D**が肺静脈，左心室から全身へ送り出される血液が通る血管**B**が**大動脈**である。

(2) 静脈血は，からだの各部分を流れているときに受けとってきた**二酸化炭素を多くふくみ，酸素が少ない**血液で，大静脈や肺動脈を流れている。

(3) 心室や心房が広がるとその部分に血液が入りこみ，逆に**収縮**するとその部分から血液がおし出される。このとき，血液が逆流しそうになると弁が閉じて逆流を防ぐので，血液が一方にのみ流れる。

(4) 体循環は，心臓（左心室）→全身→心臓（右心房）と血液が流れる道すじのことである。

心臓（右心室）→肺→心臓（左心房）と血液が流れる道すじは，**肺循環**という。

5 (1)(2) 消化液中にふくまれる**消化酵素**は，食べ物の栄養分を吸収しやすい物質に分解するはたらきをもつ。消化酵素には，だ液中やすい液中にふくまれ，デンプンを分解する**アミラーゼ**，胃液中にふくまれ，タンパク質を分解する**ペプシン**，すい液中にふくま

れ，タンパク質を分解する**トリプシン**，すい液中にふくまれ，脂肪を分解するリパーゼがある。消化酵素のはたらきによって，**デンプンはブドウ糖，タンパク質はアミノ酸にまで分解される。**

(3)(4) Aはだ液，Bは胃液，Cは胆汁，Dはすい液，Eは小腸の壁の消化酵素である。胆汁は肝臓でつくられ，胆のうにたくわえられる。胆汁は消化酵素をふくまないが，脂肪の分解を助けるはたらきをする。

(5)(6) 小腸の内側はひだになっていて，そのひだの表面には**図2**のような**柔毛**とよばれるつくりが数多くある。このようなつくりになっていることで，消化された栄養分とふれる面積を大きくし，効率よく栄養分を吸収することができる。柔毛には毛細血管とリンパ管が通っており，**ブドウ糖とアミノ酸は毛細血管に，脂肪酸とモノグリセリドは再び脂肪となってリンパ管に入る。**

6 (1) ベネジクト溶液を，ブドウ糖や麦芽糖が入った液体に入れて加熱すると，**赤かっ色の沈殿ができる。**

(2) 実験の結果の表から，セロハンの袋Rでは，デンプンが袋の中にとどまっていて，袋の外へ出ていかなかったとわかる。一方，セロハンの袋Aでは，ブドウ糖や麦芽糖などは，袋の外にも存在している。よって，デンプンの粒はセロハンのあなより大きくてあなを通れなかったが，デンプンが分解されてできた物質は粒がセロハンのあなより小さくなったので，一部があなを通ってしみ出したとわかる。

7 (1) **左心室は，この部分が収縮することで全身に向かって動脈血が送り出されるので，壁が最も厚くできている。**

(2) 心臓の心室の入口と出口には，**血液の逆流を防ぐ弁がある。**また，心臓にもどる血液が流れる静脈にも，ところどころに弁がある。

(3) 酸素を多くふくむ血液を**動脈血**，酸素が少なく二酸化炭素を多くふくむ血液を**静脈血**という。血液は，肺を通り動脈血となり，**肺静脈（c）**を通り心臓の**左心房（D）**に入る。そして左心房からすぐ下の**左心室（C）**に入り，**大動脈（d）**を通って全身の各部分に運ばれる。その後，全身の各部で酸素を細胞にわたし，二酸化炭素を受けとり静脈血となった血液は，**大静脈（a）**を通り**右心房（A）**に入る。そして，右心房からすぐ下の**右心室（B）**に入り，**肺動脈（b）**を通って肺に向かう。このように血液の循環は，肺と心臓での循環（**肺循環**）と肺以外の全身と心臓での循環（**体循環**）とがある。

❺ 呼吸と排出

1 (1) A…イ　B…ウ　C…ア
(2) a…酸素　b…二酸化炭素
(3) ア
(4) エ

定期テスト対策
❶鼻や口から肺胞へ入った空気中の酸素の一部は，毛細血管を流れる血液中の赤血球にとりこまれる。
❶血液中の血しょうに溶けて肺に運ばれてきた二酸化炭素は，毛細血管から肺胞へわたされ，気管を通って鼻や口から体外に出される。

2 (1) 酸素　(2) イ　(3) ア，ウ
解説 肺でとりこまれた酸素と，小腸で吸収された栄養分は，血液によって全身に運ばれ，組織液をなかだちにして細胞にわたされる。細胞では，ブドウ糖や脂肪などの栄養分を，酸素を使って水と二酸化炭素に分解し，エネルギーをとり出している。二酸化炭素は不要なので，血液中に出される。

3 (1) A　(2) C　(3) 尿素　(4) 血しょう　(5) 排出
解説 (1) 細胞の呼吸の結果できた二酸化炭素は，血液によって肺まで運ばれ，毛細血管から肺胞へとわたされて，体外に排出される。
(2)(3) アンモニアは有害なので，血液によって肝臓まで運ばれ，害の少ない尿素に変えられる。
(4) 酸素は赤血球によって運ばれるが，**酸素以外の物質は血しょうに溶けて運ばれる**。

4 (1) A…イ　B…エ　C…ア
(2) A…イ　B…ウ　C…ア
(3) イ
解説 (1)(2) じん臓（A）は，**血液中から尿素などの不要な物質を集めて尿をつくる**。尿は，輸尿管（B）を通ってぼうこう（C）に運ばれ，一時的にためられてから，体外に排出される。
(3) 動脈を流れる血液がじん臓に入り，不要な物質が除かれて静脈へ流れていく。**尿素は不要な物質として除かれる**ので，静脈中の血液にはほとんどない。

1 (1) 肺胞　(2) 表面積を大きくして，気体の交換を効率的にすること。　(3) ① 吸う息　② はく息　(4) ① 肺静脈　② 肺動脈
解説 (2) 空気にふれる面積を大きくすることで，効率よく酸素と二酸化炭素の交換を行うことができる。
(4) 血液は，肺動脈→肺→肺静脈と流れるので，肺動脈の血液では二酸化炭素が多く，肺静脈の血液では酸素が多い。

2 (1) ① ゴム風船　② ゴム膜　(2) B
(3) ① 上がる　② 下がる　③ せまく
解説 ストローを気管，ゴム風船を肺，ペットボトルを胸腔，ゴム膜を横隔膜に見立てている。ゴム風船がふくらんでいるときが息を吸っているとき，縮んでいるときが息をはいているときのようすである。

3 (1) ① C　② C　③ E　④ I
(2) ア，ウ　(3) イ，エ　(4) イ，エ
(5) ア，ウ，エ　(6) ア，ウ，カ
解説 (1)①② 肺では，血液から二酸化炭素が排出され，酸素が血液にとり入れられる。
③ 肝臓では，アンモニアが尿素に変えられるので，肝臓を通った後の血液中のアンモニアは少ない。
④ じん臓では，尿素が血液からこしとられているので，じん臓を通った後の血液中の尿素は少ない。
(5) 肝臓は，アンモニアをふくむ有害な物質を害の少ない物質や無害な物質に変えるはたらきがある。
　また，肝臓では脂肪の消化を助けるはたらきのある胆汁がつくられている。胆汁は胆のうにたくわえられ，小腸に出されてはたらく。
(6) イ…尿素は肝臓でつくられる。
エ…血液中の二酸化炭素は，肺に運ばれて呼吸により排出される。
オ…ブドウ糖やアミノ酸は必要な物質なので，いったんこし出された後，再び吸収される。

定期テスト対策
❶二酸化炭素は血しょうに溶けて肺に運ばれ，はく息にふくまれて排出される。
❶アンモニアは血しょうに溶けて肝臓に運ばれ，尿素に変えられる。尿素は血しょうに溶けてじん臓に運ばれ，尿として排出される。

❻ 刺激の伝わり方と運動のしくみ

1 (1) A…レンズ(水晶体)　B…虹彩
　　　C…網膜　D…鼓膜　E…耳小骨
　　　F…うずまき管
　(2) カ　(3) ① B　② C
　(4) ア　(5) F　(6) 感覚器官

解説 (3) 目に入る光の量を調節するのは虹彩で，虹彩をのび縮みさせることでひとみの大きさが変わる。目に入る光の量を少なくしているときには，ひとみは小さくなり，目に入る光の量を多くしているときには，ひとみは大きくなる。
(4)(5) 音は空気の振動である。空気の振動は鼓膜を振動させ，それが耳小骨を通してうずまき管に伝えられ，うずまき管にある感覚細胞で受けとられる。

2 (1) ① エ　② ウ　③ ア　④ イ　(2) ア
　(3) イ　(4) 反射　(5) 短くなっている。

解説 (5) 反射では，意識的に反応する場合よりも信号が通る道すじが短く，反応までの時間が短い。このことは，からだを危険から守るために役立っている。

定期テスト対策

❶意識的に反応する場合の刺激の信号の伝わり方

感覚→感覚→せき→脳→せき→運動→運動
器官　神経　ずい　　　ずい　神経　器官

❶反射(無意識)の場合の刺激の信号の伝わり方

感覚→感覚→せき→運動→運動
器官　神経　ずい　神経　器官

---

3 (1) けん　(2) 関節
　(3) aの筋肉…縮む。　bの筋肉…ゆるむ。
　(4) aの筋肉…ゆるむ。　bの筋肉…縮む。
　(5) ア，イ，エ

解説 (3)(4) 一対の筋肉の一方が縮み，もう一方がゆるむと，筋肉が縮んだ側のけんが，ひじから先の骨を引っ張り，うでを曲げたりのばしたりできる。
(5) 骨格は縮んだりゆるんだりすることはなく，骨格そのものには，からだを動かすはたらきはない。

1 (1) ② エ　③ イ
　(2) メダカには，その場にとどまろうとする傾向があること。

解説 ②では水の流れができたことに対して反応していて，③では周囲の景色の変化が起きたことに対して反応している。これらの反応はどちらも，水の流れがあるところで下流にどんどん流されないように，自分の位置を保つ反応であると考えられる。

2 (1) 0.22秒
　(2) ① 皮ふ　② 感覚神経　③ 運動神経

解説 (1) この実験でかかった時間1.76秒は，「2人目が手をにぎられてから3人目の手をにぎる→3人目…→4人目…→………→8人目が手をにぎられてから最初の人の手をにぎる→最初の人が手をにぎられてからストップウォッチを止める」ということが行われた合計の時間である。最初の人がストップウォッチを止める反応も，となりの人の手をにぎるのとほぼ同じ時間がかかったと考えられるので，1人あたりの反応が起こるまでの時間は，
　　1.76÷8＝0.22秒

3 (1) ア　(2) 小さくなる。　(3) できない。
　(4) ア，ウ

解説 (1) ひとみの大きさを調節する虹彩は，顕微鏡のしぼりのようなはたらきをするものである。明るい場所では，目に光が入りすぎないように，ひとみは小さくなる。逆に，暗い場所では，目にできるだけ多く光が入るように，ひとみが大きくなる。この反射は，瞳孔反射とよばれる。
(4) イとエは，意識的な反応だといえる。エの「自然に涙が出る」という表現は，自然にそのような感情になって涙が出たことだと考えられる。感情が関係している反応は脳が関係しているので反射ではない。

4 (1) ① F　② A　③ D　(2) 決まっている。
　(3) けん　(4) オ

解説 (2) それぞれの関節には，決まった動き方と動く範囲がある。関節が動かない方向に無理な力が加わると，脱臼したり骨折したりしてしまう。
(4) 刺激に対してどのように反応するかの命令を出すのは，中枢神経である。中枢神経には脳とせきずいがふくまれていて，意識的な反応の場合は脳から，熱いものに手がふれて引っこめるような反射(無意識な反応)の場合はせきずいなどから運動の命令が出る。

15

1 (1) イ　(2) 肺胞

　　(3) 表面積を広げて，効率よく気体の交換
　　　を行うこと。

　　(4) X　(5) 酸素　(6) 赤血球

2 (1) F　(2) イ，エ　(3) 血しょう　(4) 肺

　　(5) 肝臓…イ，エ，カ　じん臓…ウ，オ

3 (1) 中枢神経　(2) 感覚神経　(3) 運動神経

　　(4) イ　(5) ア　(6) 反射

4 (1) ゴム風船…ア　ゴム膜…ウ

　　(2) ① 吸った　② 大きく　(3) ア

5 (1) 関節　(2) イ

6 (1) 記号…ウ　名前…網膜　(2) イ

　　(3) 0.21秒　(4) ウ

解説 1 (1) 肺には筋肉がなく，息を吸ったりはいたりするときに，心臓のように自ら動くわけではない。

　息を吸いこむときには，**横隔膜が下がる**とともに**ろっ骨が上がり，胸腔が広がって肺がふくらむこと**で，肺に空気が入っていく。

　逆に息をはくときには，横隔膜が上がるとともにろっ骨が下がり，胸腔がせまくなって肺が縮むことで，肺から空気がおし出される。

(2)(3) ヒトの肺胞は，直径約0.2mmの小さな袋である。肺胞があることによって，肺の中で空気にふれる表面積が50〜100m²もの広さになっていて，効率よく酸素と二酸化炭素の交換を行うことができる。

(4) 血液は肺動脈を通って心臓から肺へと流れ，肺胞の毛細血管で二酸化炭素をわたして酸素を受けとり，肺静脈を通って心臓へと流れていく。したがって，肺胞へと血液が流れている**Y**の血管が肺動脈であり，肺胞から血液が出ていっている**X**の血管が肺静脈である。

(5)(6) 肺胞では，**血しょう**にふくまれる**二酸化炭素**が毛細血管から肺胞内の空気へと**排出**され，肺胞内の空気から毛細血管の中の赤血球に，酸素がとり入れられる。

2 (1) 食物の栄養分は，消化器官で消化されて小さな分子になり，小腸の柔毛で吸収される。吸収された栄養分のうち，脂肪(脂肪酸とモノグリセリド)以外は柔毛の毛細血管に入り，血液によってからだの各部分に運ばれる。血液にとりこまれた栄養分の一部は肝臓にたくわえられるので，**F**の血管を流れる

血液よりも，**E**の血管を流れる血液のほうが，栄養分は少なくなっていると考えられる。

　なお，空腹の状態が長く続くと，肝臓にたくわえられた栄養分がからだの各部分に送られるようになるので，その場合には，**F**の血管を流れる血液よりも，**E**の血管を流れる血液のほうが，栄養分は多くなる。

(2) からだの各部分では，血液から各部分の細胞に酸素や栄養分がわたされるので，**L**から**K**へと流れるときに，これらは量が少なくなる。ブドウ糖は，おもにエネルギー源となる栄養分で，**細胞の呼吸**(酸素を使って，栄養分を水と二酸化炭素に分解し，生きるためのエネルギーをとり出すはたらき)に使われる。

　細胞の呼吸によってできた**二酸化炭素**や，タンパク質の分解によってできた**アンモニア**などは，細胞から組織液，毛細血管の中の血液へとわたされ，やがて体外に**排出**される。

(3) 血液中では，酸素は赤血球によって運ばれ，その他のものはすべて血しょうによって運ばれる。

(5) 肝臓にはいろいろなはたらきがあり，おもなものは次の3つである。

・栄養分をたくわえる。
・胆汁をつくる。(胆汁は，胆のうにたくわえられ，小腸に出されて脂肪の消化を助ける。)
・アンモニアなどの有害な物質を分解して，尿素などの害の少ない物質にする(解毒という)。

　じん臓が血液中の不要な物質をこし出して**尿をつくる**ときには，まず，血液中の血球以外の成分がいったんこし出され，ブドウ糖やアミノ酸，大部分の水や塩分が再び吸収されて，残りが尿となる。この，水や塩分が再び吸収されるときの微調整によって，**血液中の塩分濃度や水分の量を保っている。**

3 (1)(2)(3) **A**の脳と**C**のせきずいは，刺激に対してどのように反応するかの命令を出す部分で，**中枢神経**という。

　Bの皮ふは感覚器官の1つである。感覚器官で受けとった刺激の信号を，中枢神経に伝える神経を**感覚神経**という。

　Dの筋肉は運動器官の1つである。中枢神経からの命令の信号を，運動器官に伝える神経を**運動神経**という。

(4) かゆいと感じてから反応しているので，**意識的な反応**だといえる。意識的な反応では，刺激に対してどのように反応するかの命令は，脳で出ている。

(5)(6) 熱いものにふれたときやするどい痛みを受けたとき，脳に刺激の信号がとどく前にせきずいで命

令が出ることで，無意識に反応することを**反射**という。刺激の信号は脳にも伝わるので，熱さや痛みを感じないわけではないが，信号が反射の経路を通って伝わるより，脳まで伝わる時間のほうが長いので，熱さや痛みは遅れて意識される。

反射により，熱さや痛みを感じる前に，それをさける反応をすることは，からだを危険から守るためにとても重要なことである。

このほかに，反射の例として，

・目のひとみの大きさが，明るさに応じて変化する。（瞳孔反射）。

・口の中に食物が入ると自然にだ液が出る（消化液の分泌）。

などがある。なお，このような反射のなかには，中枢がせきずいではないものもある。

4 (1)(2) 肺は，肺のまわりのろっ骨や横隔膜が動くことで，広がったり縮んだりする。息を吸うときは，**ろっ骨が上がり横隔膜が下がって，胸腔が広くなり肺も広がる。**息をはくときは，**ろっ骨が下がり横隔膜が上がって，胸腔がせまくなり肺も縮まる。**

(3) 細胞は赤血球から受けとった酸素を使って，炭水化物などの有機物からエネルギーをとり出す。この過程で，水と二酸化炭素が生じる。

5 (1)(2) 一方の筋肉が縮むときにもう一方の筋肉がゆるむことにより，関節が曲がって運動することができる。

6 (1) 光の刺激を受けとるのは，図2の**ウ**の網膜である。**ア**はレンズに入る光の量を調節する虹彩，**イ**は筋肉によってふくらみを変え，網膜の上に像を結ぶレンズ（水晶体），**エ**は受けとった刺激を脳に伝える神経である。

(2) 通常，感覚器官が刺激を受けとると，感覚神経からせきずいを通って，脳に刺激が伝えられる。しかし，目と脳は直接感覚神経でつながっているため，**目が受けとった光の刺激は，目から感覚神経を通って脳へ直接伝わる。**その刺激を受けとった脳から，せきずい，運動神経を通って筋肉に命令が伝わる。

(3) 5回の実験の平均の時間は3.40秒なので，2番目の人が右手をにぎられてから**B**さんが右手をにぎられるまでの時間は，3.40－0.40＝3.00秒である。よって，求める時間は，3.00÷(16－2)＝0.214…より，およそ0.21秒となる。

(4) 意識とは関係なく起こる反応を**反射**といい，からだを危険から守ったり，からだのはたらきを調節したりするのに役立っている。

❶ 大気とその動き

p.82〜83 **基礎問題**の答え

1 (1) **C**　(2) **ウ**

(3) A…**0.006 m²**　B…**0.012 m²**　C…**0.02 m²**

(4) A…**4000 Pa**　B…**2000 Pa**　C…**1200 Pa**

解説 (3)(4) レンガのそれぞれの面の面積は，

A…$0.10\,m \times 0.06\,m = 0.006\,m^2$

B…$0.20\,m \times 0.06\,m = 0.012\,m^2$

C…$0.10\,m \times 0.20\,m = 0.020\,m^2$

であり，スポンジがそれぞれの面から受ける圧力は，

A…$24 \div 0.006 = 4000\,Pa$

B…$24 \div 0.012 = 2000\,Pa$

C…$24 \div 0.020 = 1200\,Pa$

定期テスト対策

⊕圧力〔Pa〕＝ $\dfrac{\text{力の大きさ〔N〕}}{\text{力がはたらく面積〔m}^2\text{〕}}$

2 右図

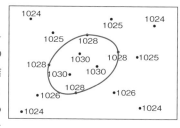

解説 気圧が等しい地点を，なめらかな曲線で結ぶ。1030 hPaと1026 hPaの点の中間の位置の点は1028 hPaの点というようにして，点をふやすとなめらかな曲線で結びやすくなる。

3

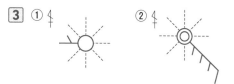

4 (1) **ア**　(2) **西寄り**　(3) **ウ**

解説 風は，気圧が高いほうから低いほうへふく。風は，等圧線の**間隔**がせまいほど強く，等圧線に対して直角方向より**右**にそれてふく。

5 (1) A…**ウ**　B…**ア**　(2) A…**ア**　B…**イ**

(3) **A**　(4) **B**

●高気圧…風が右回りにふき出す。下降気流が生じるので，天気がよい。

●低気圧…風が左回りにふきこむ。上昇気流が生じるので，天気が悪い。

p.84〜85 | 標準問題 1 の答え

1 (1) **3000 Pa**　(2) **22800 Pa**　(3) **12500 Pa**
　　(4) **ウ**

解説 (1) 18 kg (18000 g) の物体にはたらく重力は，180 N である。床と接する面と同じ**A**の面積は 0.3 m×0.2 m＝0.06 m² から，床にかかる圧力は，

$$\frac{180\,\text{N}}{0.06\,\text{m}^2}=3000\,\text{Pa}$$

(2) 57 kg (57000 g) の物体にはたらく重力は，570 N であるから，**S** さんから台にかかる圧力は，

$$\frac{570}{0.025}=22800\,\text{Pa}$$

(3) 18 kg (18000 g) の物体にはたらく重力は，180 N である。床にかかる力は，台にはたらく重力と**S**さんにはたらく重力を合わせた力であるから，

180＋570＝750 N

床と接する面の面積は，0.06 m² であるから，床にかかる圧力は，

$$\frac{750}{0.06}=12500\,\text{Pa}$$

2 (1) **A**　(2) **1013 hPa**　(3) **ア**

解説 (1)(3) **B**地点よりも**A**地点のほうが，その上にある空気の量が多く，**大気圧は大きい**。そのため，**B**地点でふたをしたペットボトルを**A**地点に運ぶと，**B**地点よりも大きな大気圧があらゆる方向からはたらき，ペットボトルはつぶれる。

(2) **A**地点は海面上の地点なので，大気圧はほぼ1気圧であり，これは**1013 hPa**である。

3 **A**…**1000 hPa**　**B**…**1004 hPa**
　　C…**1016 hPa**

解説 等圧線は，**1000 hPa**を基準に**4 hPa**ごとの線で結ばれていて，**20 hPa**ごとに太線になっている。「低」や「高」の文字は低気圧や高気圧の中心を示し，その下の数字は中心の気圧を示している。

4 (1) **エ**
　　(2) **風力…3　風向…北西**
　　(3) **風がふいてくる方向**

●天気記号は，○が快晴，①が晴れ，◎がくもり，●が雨を示す。

●天気図記号の矢ばねがついている向きが風向（風のふいてくる方向）で，16方位で表す。

16方位

●矢ばねの数が風力を表している。

5 (1) **72 N**　(2) **1800 Pa**　(3) $\frac{1}{2}$ **倍**　(4) **C**
　　(5) **4.8 kg**

解説 (1)(2) 100 g の物体にはたらく重力は1 N であるから，7.2 kg (7200 g) の直方体にはたらく重力は，72 N である。**A**の面の面積は，0.1×0.4＝0.04 m² であるから，水平面が**A**の面から受ける圧力は，

$$\frac{72}{0.04}=1800\,\text{Pa}$$

(3)(4) **B**の面の面積は，0.2×0.4＝0.08 m² であり，**A**の**2倍の面積**であるから，圧力は半分になる。また，**C**の面の面積は，0.2×0.1＝0.02 m² であり，**A**の**半分の面積**であるから，圧力は**2倍**になる。このように，面積が小さい面を下にすると，水平面が受ける圧力が大きくなる。

(5) 水平面が**A**の面から受ける圧力が3000 Pa，**A**の面の面積が0.04 m² であるから，水平面にはたらく力は，3000×0.04＝120 N である。直方体にはたらく重力は72 N であるから，円柱形の物体の重さは，120－72＝48 N であり，質量は4.8 kg (＝4800 g) である。

p.86〜87 | 標準問題 2 の答え

1 **A**…**ウ**　**B**…**エ**　**C**…**イ**

解説 **B**は，1020 hPa の等圧線の高気圧側にあるので，1020 hPa より高い値であると考えられる。**C**は，1020 hPa と 1016 hPa の等圧線の中間にあるので，約1018 hPa であると考えられる。

2 (1) **イ**　(2) **3**　(3) **南西**
　　(4)

解説 (1) 雲量が0〜1のときは快晴，2〜8のときは晴れ，9〜10のときはくもりである。

(3)(4) ふき流しの状態から，風向は南西とわかる。天気図記号では，風向の向きに矢ばねをつける。

3 (1) 風向…北西　風力…1
(2) A…高気圧　B…低気圧
(3) B　(4) ウ

解説 (3)(4) 低気圧の中心付近では，周囲から風がふきこんで上昇気流が生じる。空気は上昇すると気圧が下がり，膨張して温度が下がるので，露点（ろてん）に達して雲が発生しやすい。そのため，低気圧の中心付近では，天気はくもりや雨になりやすい。

4 (1) ウ　(2) ウ　(3) イ

解説 (1) 地点Aの気圧は，9日では1032hPaの高気圧の中心が近くにあるので，それよりやや低い値である。10日では，990hPaの低気圧の中心が近くにあるので，それよりやや高い値である。
(2) 9日より10日のほうが等圧線の間隔がせまいので，10日のほうが風が強い。
(3) 風は，等圧線に対して直角方向より右にそれてふくので，9日の風向は東北東から東，10日の風向は西北西から北西である。

② 大気中の水の変化

p.90〜91　基礎問題の答え

1 (1) **17.3 g/m³**　(2) **4.5 g**　(3) **15℃**　(4) **6.0 g**

解説 (1) 右の図のように，グラフの横軸の値が20℃のときの縦軸の値を読みとる。
(2) グラフより，20℃の空気1m³がふくむことの

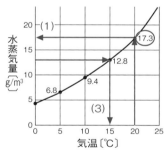

できる水蒸気の最大量は17.3gである。また，この空気1m³にふくまれる水蒸気量は12.8gであるから，さらにふくむことのできる水蒸気量は，
　　17.3 − 12.8 = 4.5g
(3) 露点（ろてん）は，空気中の水蒸気が冷やされて水滴になり始める温度のことで，これはつまり，
（空気1m³中の水蒸気量）＝（飽和（ほうわ）水蒸気量）となる温度である。したがって，飽和水蒸気量が12.8g/m³となる温度をグラフから読みとればよい。

(4) グラフより，5℃の空気1m³は6.8gまでしか水蒸気をふくむことができない。したがって，
　　12.8 − 6.8 = 6.0g
の水蒸気は水滴となる。

定期テスト対策

❶1m³の空気がふくむことのできる水蒸気の最大量を，飽和水蒸気量という。
❶空気中の水蒸気が冷やされて水滴になり始める温度を，露点という。
❶露点になっている空気では，
（空気1m³中の水蒸気量）＝（飽和水蒸気量）
となっている。

2 (1) **46%**　(2) **10.9 g**　(3) **62%**

解説 (1) 表より，気温16℃のときの飽和水蒸気量は13.6g/m³なので，この空気の湿度は，
$$\frac{6.2}{13.6} \times 100 = 45.5\cdots \text{ より } 46\%$$
(2) 表より，気温24℃のときの飽和水蒸気量は，21.8g/m³なので，湿度50%の空気1m³にふくまれる水蒸気量は，
$$21.8 \times \frac{50}{100} = 10.9\,\text{g}$$
(3) 露点が12℃なので，表より，空気中の水蒸気量が10.7g/m³であることがわかる。また，気温20℃のときの飽和水蒸気量は17.3g/m³なので，湿度は，
$$\frac{10.7}{17.3} \times 100 = 61.8\cdots \text{ より } 62\%$$

定期テスト対策

❶湿度〔%〕＝ $\dfrac{\text{空気1m³中にふくまれる水蒸気量〔g/m³〕}}{\text{そのときの気温における飽和水蒸気量〔g/m³〕}}$ ×100

3 (1) 乾球…**18℃**　湿球…**16℃**　(2) **18℃**
(3) **80%**

解説 (2) 気温を示すのは乾球（かんきゅう）の値である。湿球（しっきゅう）では，水が蒸発して熱をうばうので，気温よりも低い温度を示す。
(3) 乾球が18℃で，乾球と湿球の差が2℃の部分の値を読みとる。

4 (1) 図1　(2) A

解説 (1) 晴れの日は日光が当たるので気温と湿度の変化が大きく，雨の日は日光が当たらないので気温と湿度の変化が小さい。

(2) 気温が上がるほど，その空気の飽和水蒸気量は**大きくなるので，湿度は下がる**。そのため，晴れた日の湿度の変化は，気温の変化と逆になる。

⑤ (1) **水蒸気** (2) ① **ア** ② **イ** ③ **イ**
(3) **雨…エ 雪…ア 霧…イ**

定期テスト対策

❶雲のでき方
①空気が上昇する。
②気圧が下がる。
③空気が膨張する。
④空気の温度が下がる。
⑤露点に達する。
⑥水滴や氷の結晶ができ，雲になる。

`p.92～93` **標準問題の答え**

① (1) **B** (2) **A** (3) **ウ** (4) **C**

解説 地点A～Cの飽和水蒸気量と露点は右の図の通り。

地点Aの湿度は，

$\dfrac{25}{30} \times 100$
$= 83.3$ より
83%

地点Bの湿度は，

$\dfrac{7.5}{17.5} \times 100$
$= 42.8$ より
43%

地点Cの湿度は，

$\dfrac{10}{40} \times 100 = 25$ より **25%**

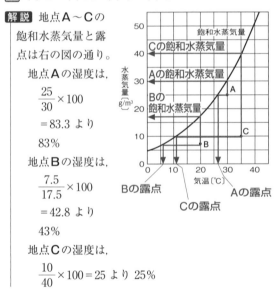

② (1) **水の温度を室温と同じにするため。**
(2) **20℃** (3) **17.3g** (4) **57%** (5) **4.5g**

解説 (4)表より室温30℃での飽和水蒸気量は30.4g/m³である。湿度は，$\dfrac{17.3}{30.4} \times 100 = 56.9\cdots$ より 57%
(5)空気1m³中の水蒸気量は17.3g。15℃の空気1m³は12.8gまでしか水蒸気をふくむことができない。したがって，17.3 − 12.8 = 4.5gは水滴となる。

③ **B**
解説 湿度表で湿度を求めるときには，乾球の示度

（気温）と，乾球と湿球の示度の差を使う。各地点の湿度は，**A：82%，B：64%，C：73%**

④ (1) **ウ** (2) ① **膨張** ② **露点** (3) **100%**

解説 (1)空気中の温度が露点に達して雲ができるとき，空気中にちりがあると，それを中心に水の分子が集まって水蒸気が水滴になりやすい。線香のけむりの粒子は，空気中のちりと同じ役割をする。
(3)露点に達した空気では，水蒸気量と飽和水蒸気量が等しくなっているので，**湿度は100%**である。

⑤ **イ**
解説 霧は，地表付近の空気が冷えたとき，露点に達してできた水滴が，地表付近に浮かんでいるもの。気温が上がるほど，その空気がふくむことのできる水蒸気量はふえるので，気温が上がると，霧は消えていく。

---

❸ 前線と天気の変化

`p.96～97` **基礎問題の答え**

① (1) **A…寒冷前線 B…温暖前線 C…停滞前線** (2) ▬▬◢◣▬◗◗▬

定期テスト対策

❶寒冷前線は，寒気が暖気の下にもぐりこんでできる。
❶温暖前線は，暖気が寒気の上にゆっくりはい上がってできる。
❶閉そく前線は，寒冷前線が温暖前線に追いついてできる。
❶停滞前線は，寒気と暖気の勢力が等しいときにでき，あまり動かない。

---

② (1) **気団X** (2) **a…イ b…ウ** (3) **右**
(4) **寒冷前線**

解説 前線面の形と，できている雲が積乱雲であることから，この前線は寒冷前線であることがわかる。寒冷前線では，寒気が暖気の下にもぐりこみ，暖気をおし上げるので，地表付近の前線面は垂直方向に広がる。

③ (1) **気団X** (2) **a…イ b…エ** (3) **右**
(4) **温暖前線**

解説 前線面の形と，できている雲が乱層雲であることから，この前線は温暖前線であることがわかる。温暖前線では，暖気が寒気の上にはい上がり，寒気をおしやりながら進む。

4 (1) B　(2) 前線LY　(3) ウ

解説 (1)(2) 日本列島の付近では，低気圧の東側に温暖前線（LY），西側に寒冷前線（LX）ができることが多い。
(3) この低気圧が東に動くと，寒冷前線（LX）が通過するので，**強い雨が短時間降り**，前線通過後に天気が**急速に回復する**。これは，寒冷前線では寒気が暖気を激しくおし上げるため，せまい範囲に垂直に雲が発達するからである。

5 (1) イ　(2) ア　(3) ウ

解説 (1) ◎はくもり，●は雨，①は晴れを示す天気記号である。
(2)(3) 雨が降りやんだ19時ごろに気温が上昇していることから，19時ごろに前線が通過し，それから暖気におおわれたことがわかる。このことから，温暖前線が通過したと考えられる。

p.98〜99 標準問題の答え

1 (1) C→B→A　(2) A…ア　B…ウ　C…イ
(3) X…ア　Y…エ　(4) エ　(5) ア

解説 (1) A，B，Cの順に低気圧の中心に近い等圧線の上にあるので，この順に気圧は低くなっている。
(2) 北半球では低気圧の周囲から中心へと左回りにうずを巻くように風がふく。このとき，風は等圧線に対して直角方向より右にそれてふく。
(3)(4)(5) 寒冷前線では，寒気が暖気の下にもぐりこみ，暖気をおし上げるので，激しい上昇気流が発生する。そのため，前線付近から後ろ側に，積乱雲などの垂直に発達する雲ができる。雲が垂直に発達しているので，雨の降る範囲はせまい。
　温暖前線では，暖気が寒気の上にゆっくりはい上がるので，ゆるやかな上昇気流が発生する。そのため，前線よりも前側に乱層雲などの層状の雲ができ，雨の降る範囲は広い。

2 (1) 気団イ　(2) A…寒冷前線　B…温暖前線　C…閉そく前線　(3) カ

解説 (3) 寒冷前線の後ろ側には，積乱雲などの垂直に発達する雲ができるので，強い雨が降る。積乱雲

は雷雲，入道雲などとよばれることもある雲で，多量の雨を降らせるだけでなく，同時に雷が鳴ったり，突風がふいたりすることもある。

3 (1) ウ　(2) エ

解説 (1) 4月7日の0時から1時の間に気温が急に上がっているので，このとき温暖前線が通過したと考えられる。また，4月7日の5時から6時の間に気温が急に下がっているので，このとき寒冷前線が通過したと考えられる。
(2) 寒冷前線が通過しているので，天気は急激に大きくくずれる。

❹ 日本の気象

p.102〜103 基礎問題の答え

1 (1) ユーラシア大陸　(2) 夏　(3) 低気圧
(4) A…夏　B…冬

解説 (1) 陸と海では，陸のほうが温度は変化しやすく，海のほうが温度は変化しにくい。
(2) 低気圧は上昇気流を生じる温度が高い側にでき，高気圧は下降気流を生じる温度が低い側にできる。ユーラシア大陸側の温度が高くなるのは，夏である。

2 (1) A…エ　B…イ　C…ア
(2) A，B　(3) B，C　(4) BとC
(5) 秋雨前線

3 (1) ウ　(2) 小笠原気団　(3) 高気圧　(4) ア

解説 夏には小笠原気団の勢力が強くなり，日本付近は太平洋高気圧におおわれるため，晴れやすくなる。また，夏にふく南東の季節風はあたたかく湿っているので，蒸し暑くなる。

4 (1) 西高東低　(2) シベリア気団　(3) ウ

定期テスト対策

❶冬の天気の特徴
・シベリア気団が発達して，西高東低の気圧配置になる。
・北西の季節風が日本海上を通過する間に多量の水蒸気をふくむため，日本海側は雪が降りやすい。雪を降らせた後は水蒸気を失うので，山脈の反対側の太平洋側は乾燥した晴天になりやすい。

---

1 (1) 偏西風 (2) ① 海風 ② 陸風 ③ 季節風

定期テスト対策

❶日本付近の上空に１年中ふく強い西風を，偏西風という。

❷海岸付近では，温度が変化しやすい陸と温度が変化しにくい海の温度差によって，海陸風がふく。
①昼…陸が海よりあたたまり，海風(海→陸)がふく。
②夜…陸が海より冷え，陸風(陸→海)がふく。

❸太平洋とユーラシア大陸との間には，夏は南東の風，冬は北西の風がふく。これを季節風という。

2 (1) 移動性高気圧
(2) 上空に強い西風(偏西風)がふいているから。 (3) ア (4) ウ

解説 ３月下旬や10月下旬は，偏西風の影響を受けて，移動性高気圧と低気圧が交互に日本付近を西から東に通過する。そのため，高気圧による晴天と低気圧による雨天が４〜７日の周期でくり返される。

3 (1) D (2) 低い。 (3) イ，ウ，オ
(4) ① 低い ② 東 ③ 高く

解説 台風は，熱帯の海上で発生した熱帯低気圧のうち，中心付近の風速が非常に強くなったものである。
(1) 台風のまわりの等圧線は間隔がせまく，同心円状で，前線をともなわない。
(4) 台風の進路は小笠原気団と偏西風に影響され，小笠原気団の勢力が８〜９月に弱まると，日本に上陸することが多い。

4 (1) 図１…イ 図２…エ (2) 梅雨前線
(3) シベリア気団 (4) 図１…ア 図２…ウ
(5) ① 日本海 ② 上昇気流 ③ 乾燥

解説 (1)(2)(3) 図１のように東西に長くのびた停滞前線ができるのは，梅雨前線ができる６月ごろ(つゆの時期)か，秋雨前線のできる９月ごろである。
また，図２のような西高東低の気圧配置になるのは，シベリア気団の勢力が強い冬である。
(4)(5) 冬の北西の季節風はユーラシア大陸からふいてくるため，もともとは乾燥している。これが，南から北へと暖流が流れる日本海の上を通過する間に，多量の水蒸気をふくみ，日本海側に雪を降らせる。

1 (1) 熱を伝えやすい性質があるから。
(2) 12.8g (3) 55.4 (4) ウ (5) ウ
(6) ① 下がる[低下する] ② 露点

2 (1) 天気…くもり 風力…4 風向…南西
(2) 1016hPa (3) A (4) エ (5) イ
(6) 偏西風 (7) イ

3 (1) B
(2) X…寒冷前線 Y…温暖前線
(3) X…エ Y…イ
(4) ウ，エ (5) ウ
(6) ① 寒冷前線 ② イ

4 (1) ウ (2) 空気に重さがあるから。
(3) ウ
(4) 真空調理器内の圧力が風船内の圧力より小さくなるから。

5 (1) 冬 (2) 陸風
(3) A…少ない B…多い C…少ない
(4) a…ウ b…ア

解説 **1** (1) 水温とコップのまわりの空気の温度を等しくするためである。
(2) コップの表面がくもり始めたということは，飽和水蒸気量が空気 $1m^3$ 中の水蒸気の量と等しくなったということである。
(3) 湿度〔%〕＝$\dfrac{空気1m^3中の水蒸気量〔g/m^3〕}{その温度での飽和水蒸気量〔g/m^3〕}$×100
空気中の水蒸気の量は(2)より $12.8g/m^3$，25℃での飽和水蒸気量は $23.1g/m^3$ であるから，湿度は，
$\dfrac{12.8}{23.1}$×100＝55.41… より 55.4%
(4) コップの表面がくもり始めた温度(露点)は15℃なので，空気中の水蒸気量は $12.8g/m^3$ である。また，室温は20℃なので，飽和水蒸気量は $17.3g/m^3$ である。よって，湿度を求める式において，もとの実験より分母だけが小さくなるので，湿度は高くなる。
(5) 露点が20℃なので，空気中の水蒸気量は $17.3g/m^3$，室温が25℃なので，飽和水蒸気量は $23.1g/m^3$ である。よって，湿度を求める式において，もとの実験より分子だけが大きくなるので，湿度は高くなる。
2 (1) 天気図記号では，矢ばねのついている向きが風向(風がふいてくる向き)を示している。
(2) 等圧線は，1000hPaを基準に4hPaごとの線で結ばれていて，20hPaごとに太線になっている。

(3) 等圧線の間隔がせまいところほど，風は強い。

(4) 北半球の高気圧の地表付近では，中心から周囲に向かって右回り（時計回り）に風がふき出している。

(5) 高気圧の中心付近では，地表付近でまわりにふき出した空気を補うように下降気流が生じる。雲が発生するのは，上昇気流のときである。

(6)(7) 偏西風は，中緯度帯の上空に1年中ふく強い西風である。春と秋は，移動性高気圧や低気圧が偏西風の影響で西から東に移動し，交互に日本を通過するため，天気が数日ごとの周期で変わりやすい。

③ (2)(3) 日本付近では，低気圧の西側に寒冷前線，東側に温暖前線ができることが多い。

　寒冷前線では，寒気が暖気の下にもぐりこみ，暖気をおし上げるので，地表付近の前線面は垂直方向に広がる。また，温暖前線では，暖気が寒気の上にはい上がり，寒気をおしやりながら進む。

(4)(5) 寒冷前線では，激しい上昇気流によって垂直に発達する積乱雲や積雲ができる。積乱雲による雨は激しいが，雲の範囲はせまいので短時間でやむ。

(6) 急激な気温の低下が10時から11時の間に起きているので，寒冷前線が通過したと考えられる。

④ (1)(2) 空気は体積の割合で，約80%の窒素（密度$0.00116\,g/cm^3$）と約20%の酸素（密度$0.00133\,g/cm^3$）をふくむ気体なので，わずかだが質量がある。そのため，空気入れで空き缶に空気をつめると，それだけ質量がふえる。

(3)(4) 真空調理器で空気を抜いていくと，真空調理器内の圧力が小さくなる。すると，風船の内部の少量の空気による圧力のほうが大きくなり，風船がふくらむ。

⑤ (1) 日本海側から太平洋側にふく季節風は，風向が北西であり，冬にふく。

(2) 冬の北西の季節風はユーラシア大陸から太平洋へとふく陸風，夏の南東の季節風は太平洋からユーラシア大陸へとふく海風であるといえる。

(3)(4) 冬の季節風は発達したシベリア気団からふき出すので，もともとは乾燥している。日本海では南から北へと暖流が流れているため，海水面が冬の季節風よりもあたたかく，大量の海水が蒸発している。そのため，冬の季節風は日本海上で多くの水蒸気をふくみ，これが日本列島の山脈にぶつかると上昇気流が生じて雲ができ，日本海側に多量の雪が降る。その後，水蒸気を失った風が太平洋側へとふきおりていくため，太平洋側では乾燥した晴れの日が多くなる。

4章 電流とその利用

① 電流の流れ方

p.112～113 基礎問題の答え

1 (1) Y　(2) イ　(3) ① ＋　② 大きい
　(4) 3.50A　(5) 220V

解説 (1) はかりたい部分に直列につないでいるのが電流計であり，はかりたい部分に並列につないでいるのが電圧計である。

(3) 電流の大きさや電圧の大きさが予想できないときには，最も大きい値を測定できる5Aの－端子，300Vの－端子につなぐ。そして，スイッチを入れたときに指針の振れが小さすぎるときは，スイッチを切って－端子をつなぎかえ，値を読みやすくする。また，電気器具はすべて，電源の＋極側を＋端子につなぎ，電源の－極側を－端子につなぐ。

(4) 5Aの－端子につないで最も右に振れると5Aとして読むので，最小目盛りは0.1Aであり，その$\frac{1}{10}$の目盛りまでの数値を読みとる。

(5) 300Vの－端子につないで最も右に振れると300Vとして読むので，最小目盛りは10Vであり，その$\frac{1}{10}$の目盛りまでの数値を読みとる。

定期テスト対策

❶電気用図記号

電源	電球	抵抗	スイッチ	電流計	電圧計
┤├ (－極)(＋極)	⊗	▭	／	Ⓐ	Ⓥ

2 (1) I_1…1.8A　I_3…1.8A
　(2) I_4…1.0A　I_7…1.0A
　(3) I_5…0.15A　I_7…0.2A　(4) 1.5V
　(5) 2.0V　(6) V_5…1.2V　V_6…1.2V

解説 (1) 電流は，直列回路の各部分で同じ値である。

(2) $I_4 = I_5 + I_6 = I_7$ であるから，
　　$I_4 = I_5 + I_6$
　　　$= 0.1\,A + 0.9\,A = 1.0\,A\,(= I_7)$

(3) $I_4 = I_5 + I_6 = I_7$ であるから，
　　$I_5 = I_4 - I_6$
　　　$= 0.2\,A - 0.05\,A = 0.15\,A$

また，$I_7 = I_4 = 0.2\,\text{A}$

(4) $V_1 = V_2 + V_3$ であるから，

$$V_1 = V_2 + V_3$$
$$= 0.9\,\text{V} + 0.6\,\text{V} = 1.5\,\text{V}$$

(5) $V_1 = V_2 + V_3$ であるから，

$$V_2 = V_1 - V_3$$
$$= 3.0\,\text{V} - 1.0\,\text{V} = 2.0\,\text{V}$$

(6) **電圧**は，**並列回路の各部分で同じ値**である。

定期テスト対策

❶回路を流れる電流は，電流の値をIで表すと，

・直列回路では，
$$I_1 = I_2 = I_3$$

・並列回路では，
$$I_4 = I_5 + I_6 = I_7$$

❶回路に加わる電圧は，電圧の値をVで表すと，

・直列回路では，
$$V_1 = V_2 + V_3$$

・並列回路では，
$$V_4 = V_5 = V_6$$

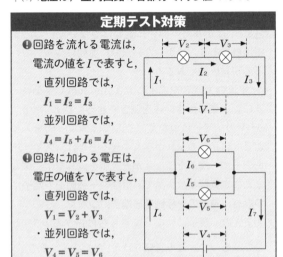

---

3 (1) **0.9 A** (2) **4 V** (3) **オームの法則**

解説 電流は電圧に比例する。この関係をオームの法則という。

(2) $1\,\text{A} = 1000\,\text{mA}$ であるから，

$400\,\text{mA} = 0.4\,\text{A}$

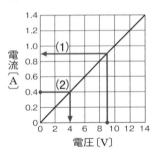

縦軸：電流〔A〕　横軸：電圧〔V〕

---

4 (1) **1.5 V** (2) **5 Ω** (3) **0.5 A**

解説 (1)$I = 0.15\,\text{A}$，$R = 10\,\Omega$ であるから，

$$V = RI = 10\,\Omega \times 0.15\,\text{A} = 1.5\,\text{V}$$

(2)$I = 0.3\,\text{A}$，$V = 1.5\,\text{V}$ であるから，

$$R = \frac{V}{I} = \frac{1.5\,\text{V}}{0.3\,\text{A}} = 5\,\Omega$$

(3)$V = 2.5\,\text{V}$，$R = 5\,\Omega$ であるから，

$$I = \frac{V}{R} = \frac{2.5\,\text{V}}{5\,\Omega} = 0.5\,\text{A}$$

定期テスト対策

❶電圧をV〔V〕，電流をI〔A〕，抵抗をR〔Ω〕とすると，$V = RI$（オームの法則）

---

1 (1) **右図**

(2) ① **0.50 A**

② **50 mA**

③ **5.0 mA**

(3) ① **30 V**

② **1.50 V**

③ **0.30 V**

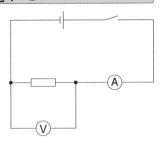

解説 (1) 回路図をかくときには，導線部には直線を引き，装置は電気用図記号を用いる。

電流計ははかりたい部分に直列につなぐ。つまり，スイッチと電熱線**X**とを結ぶ導線上に電流計があるようにかく。

電圧計ははかりたい部分に，並列につなぐ。つまり，電圧計につながる導線を，**一方は電源装置の＋極と電熱線との間につなぎ**，**もう一方は電源装置の－極と電熱線との間につなぐ。**

(2) それぞれの－端子を使用したときの最小目盛りは，5 Aの－端子では0.1 A，500 mAの－端子では10 mA，50 mAの－端子では1 mAである。

(3) それぞれの－端子を使用したときの最小目盛りは，300 Vの－端子では10 V，15 Vの－端子では0.5 V，3 Vの－端子では0.1 Vである。

---

2 (1) **0.4 A** (2) **0.9 A** (3) **8.0 V** (4) **6.0 V**

解説 (2) 並列回路の全体の電流は，枝分かれした各部分の電流の和と等しいので，電流計A_5の値をI〔A〕とすると，

$$I = 0.6\,\text{A} + 0.3\,\text{A} = 0.9\,\text{A}$$

(3) 直列回路の全体の電圧は，各部分の電圧の和と等しいので，電圧計V_2の値をV〔V〕とすると，

$$12.0\,\text{V} = 4.0\,\text{V} + V\,\text{〔V〕}$$
$$V = 12.0\,\text{V} - 4.0\,\text{V} = 8.0\,\text{V}$$

---

3 (1) **Y…12 mA　Z…36 mA**

(2) **X…2.5 V　Y…2.5 V**

解説 (1) 豆電球**Y**を流れる電流は，

$$36\,\text{mA} - 24\,\text{mA} = 12\,\text{mA}$$

また，豆電球**Z**を流れる電流の大きさは，電流計A_2を流れる電流と等しい。

(2) 豆電球**X**，**Y**は並列つなぎなので，豆電球**X**，**Y**に加わる電圧は等しい。これをV〔V〕とすると，

$$6\,\text{V} = V\,\text{〔V〕} + 3.5\,\text{V}$$
$$V = 6\,\text{V} - 3.5\,\text{V} = 2.5\,\text{V}$$

4 (1) **0.2 A**
(2) **0.5 A**
(3) **右図**
(4) **右図**

電流〔mA〕 / 電圧〔V〕

解説 (1) 電熱線**A**の
グラフで、電圧が
4.0 Vのときの電流
の値を読みとる。200 mA＝0.2 Aである。
(2) a点に300 mAの電流が流れたとき、電熱線**A**に
は6 Vの電圧が加わっている。このとき、電熱線**B**
にも6 Vの電圧が加わり、電熱線**B**には200 mAの
電流が流れる。よって、b点を流れる電流は、

$$300\,\text{mA} + 200\,\text{mA} = 500\,\text{mA} = 0.5\,\text{A}$$

(3) 電熱線**A**と**B**は並列つなぎなので、電源と同じ
大きさの電圧が加わる。また、b点を流れる電流は、
電熱線**A**と**B**を流れる電流の和に等しい。
(4) 電熱線**A**と**B**を直列につないだときには、電熱
線を長くしたとみなすことができ、回路全体の電流
と電圧についてオームの法則が成り立つ。例えば、
回路全体に100 mAの電流が流れるとき、電熱線**A**
と**B**に加わる電圧は2.0 Vと3.0 Vで、全体の電圧は
5.0 Vである。電熱線**A**と**B**の抵抗を求めて合成抵
抗を計算し、それをもとにグラフをかいてもよい。

5 (1) **A** (2) **60 Ω** (3) **導体** (4) **イ、エ**
(5) **絶縁体〔不導体〕**

解説 (1) 同じ大きさの電圧を加えたとき、流れる電
流の値が大きいほど、電流が流れやすいといえる。
(2) 電熱線**D**は6 Vの電圧が加わったときに100 mA
（＝0.1 A）の電流が流れるので、電熱線**D**の抵抗は、

$$\frac{6\,\text{V}}{0.1\,\text{A}} = 60\,\Omega$$

(3)(4)(5) 金属や炭素（黒鉛）などのように、**抵抗が小
さく、電流を通しやすい物質を導体**という。これに
対して、ゴム、プラスチック、ガラスなどのように、
**抵抗がとても大きく、電流をほとんど通さない物質
を絶縁体（不導体）**という。

p.116〜117 標準問題 **2** の答え

1 (1) ① $V_3 = V_1 + V_2$ ② V_3 ③ V_1 ④ V_2
⑤ $RI = R_1 I + R_2 I$ ⑥ $R_1 + R_2$
(2) ① **2 V** ② **30 Ω** (3) ① **100 Ω** ② **40 Ω**
(4) ① **50 Ω** ② **0.3 A**
③ $V_2 \cdots$ **9 V** $V_3 \cdots$ **15 V**

解説 (2)① 抵抗器**R₁**では抵抗が10 Ω、電流が0.2 A

であるから、電圧V_1〔V〕は、

$$V_1 = 10\,\Omega \times 0.2\,\text{A} = 2\,\text{V}$$

② 抵抗器**R₂**の抵抗R_2〔Ω〕は、

$$R_2 = \frac{4\,\text{V}}{0.2\,\text{A}} = 20\,\Omega$$

回路全体の抵抗は、

$$R_1 + R_2 = 10\,\Omega + 20\,\Omega = 30\,\Omega$$

(3)① 回路全体では電流が0.18 A、電圧が18 Vであ
るから、全体の抵抗R〔Ω〕は、

$$R = \frac{18\,\text{V}}{0.18\,\text{A}} = 100\,\Omega$$

② 抵抗器**R₁**の抵抗R_1〔Ω〕は、

$$R_1 = R - R_2 = 100\,\Omega - 60\,\Omega = 40\,\Omega$$

(4)① 回路全体の抵抗R〔Ω〕は、

$$R = R_1 + R_2 = 20\,\Omega + 30\,\Omega = 50\,\Omega$$

② 抵抗器**R₁**では抵抗が20 Ω、電圧が6 Vであるか
ら、電流I〔A〕は、

$$I = \frac{6\,\text{V}}{20\,\Omega} = 0.3\,\text{A}$$

③ 抵抗器**R₂**では抵抗が30 Ω、電流が0.3 Aである
から、電圧V_2〔V〕は、

$$V_2 = R_2 \times I = 30\,\Omega \times 0.3\,\text{A} = 9\,\text{V}$$

また、回路全体の電圧V_3〔V〕は、

$$V_3 = V_1 + V_2 = 6\,\text{V} + 9\,\text{V} = 15\,\text{V}$$

2 (1) ① $I_3 = I_1 + I_2$ ② I_3 ③ I_1 ④ I_2
⑤ $\dfrac{V}{R} = \dfrac{V}{R_1} + \dfrac{V}{R_2}$ ⑥ $\dfrac{1}{R_1} + \dfrac{1}{R_2}$
(2) ① **5 Ω** ② **0.3 A**
(3) ① **4.5 V** ② **9 Ω**
(4) ① **6 Ω** ② **24 Ω** ③ **8 Ω**
(5) ① **12 Ω** ② **18 V** ③ **0.9 A**

解説 (2)① 回路全体の抵抗をR〔Ω〕とすると、

$$\frac{1}{R} = \frac{1}{6} + \frac{1}{30} = \frac{1}{5}$$

$$R = 5\,\Omega$$

② 回路全体では電圧が1.5 V、抵抗が5 Ωであるか
ら、電流計**A₃**が示す値I_3〔A〕は、

$$I_3 = \frac{1.5\,\text{V}}{5\,\Omega} = 0.3\,\text{A}$$

(3)① 抵抗器**R₁**では抵抗が15 Ω、電流が0.3 Aであ
るから、電圧V〔V〕は、

$$V = 15\,\Omega \times 0.3\,\text{A} = 4.5\,\text{V}$$

② 回路全体の電流が0.5 A、電圧が4.5 Vであるか
ら、全体の抵抗R〔Ω〕は、

$$R = \frac{4.5\,\text{V}}{0.5\,\text{A}} = 9\,\Omega$$

(4)① 回路全体の電流が2.0A，電圧が12Vであるから，全体の抵抗R〔Ω〕は，

$$R=\frac{12\,V}{2.0\,A}=6\,\Omega$$

② 抵抗器R_1では電圧が12V，電流が0.5Aであるから，抵抗R_1〔Ω〕は，

$$R_1=\frac{12\,V}{0.5\,A}=24\,\Omega$$

③ 抵抗器R_2を流れる電流I_2〔A〕は，

$$I_2=I_3-I_1=2.0\,A-0.5\,A=1.5\,A$$

であり，電圧が12Vであるから，抵抗R_2〔Ω〕は，

$$R_2=\frac{12\,V}{1.5\,A}=8\,\Omega$$

(5)①② 回路全体の抵抗をR〔Ω〕とすると，

$$\frac{1}{R}=\frac{1}{20}+\frac{1}{30}=\frac{1}{12}$$

$$R=12\,\Omega$$

さらに，回路全体を流れる電流が1.5Aであるから，電圧V〔V〕は，

$$V=12\,\Omega\times1.5\,A=18\,V$$

③ 抵抗器R_1では抵抗が20Ω，電圧が18Vであるから，電流I_1〔A〕は，

$$I_1=\frac{18\,V}{20\,\Omega}=0.9\,A$$

3 (1) **0.4A**　(2) **4V**　(3) R_2…**40Ω**　R_3…**20Ω**
(4) **14V**　(5) **28Ω**

解説 (1) 0.5A－0.1A＝0.4A

(2) 電熱線R_1では抵抗が10Ω，((1)より)電流が0.4Aであるから，電圧は，

$$10\,\Omega\times0.4\,A=4\,V$$

(3) 電熱線R_2では，((2)より)電圧が4V，電流が0.1Aであるから，抵抗は，

$$\frac{4\,V}{0.1\,A}=40\,\Omega$$

電熱線R_3では電圧が10V，電流が0.5Aであるから，抵抗は，

$$\frac{10\,V}{0.5\,A}=20\,\Omega$$

(4) ((2)より)電熱線R_1，R_2には4V，電熱線R_3には10Vの電圧が加わるので，回路全体の電圧は，

$$4\,V+10\,V=14\,V$$

(5) 回路全体では，((4)より)電圧が14V，電流が0.5Aであるから，回路全体の抵抗は，

$$\frac{14\,V}{0.5\,A}=28\,\Omega$$

❷電流による発熱・発光

p.120～121 基礎問題の答え

1 (1) **ウ**　(2) **100W**　(3) **A**

解説 (2) 100V×1.0A＝100W

(3) **電力**(でんりょく)**の値が大きい**ほうが，**大きなエネルギーを使う**といえる。電気スタンドBが使う電力は，

100V×0.6A＝60W

定期テスト対策

❶電力…一定時間に使う電気エネルギーの量。
電力〔W〕＝電圧(でんあつ)〔V〕×電流〔A〕

2 (1) **トースター**
(2) **CDラジオ…0.1A**　**トースター…10A**
(3) **10.1A**　(4) **エ**

解説 電気器具の**消費電力の表示は，表示された電圧で使用する場合の電力**を示している。

(2) 100Vの電圧が加わったとき，CDラジオにI_1〔A〕，トースターにI_2〔A〕の電流が流れるとすると，

100V×I_1〔A〕＝10W

100V×I_2〔A〕＝1000W

であるから，

I_1＝10W÷100V＝0.1A

I_2＝1000W÷100V＝10A

(3) 並列回路(へいれつかいろ)では，枝分かれした各部分の電流の和が全体の電流の大きさに等しい。

(4) **並列**につながった電気器具の**全体の電力**は，**各部分の電力の和**に等しいので，

10W＋1000W＝1010W

3 (1) **右図**
(2) **5W**
(3) **5J**
(4) **3000J**

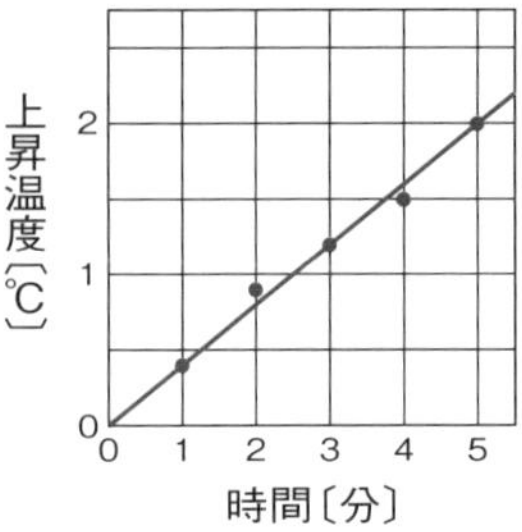

解説 (1) **電力が一定**の場合，**水の上昇**(じょうしょう)**温度は，電熱線に電流を流した時間に比例する**ので，**原点を通り，各点のなるべく近くを通る直線**をかく。

(2)(3) 電熱線が消費する電力は，

10V×0.5A＝5W

であるから，電熱線で1秒間に発生した熱量(ねつりょう)は，

5W×1s＝5J

(4) 10分は600秒なので，電熱線で発生する熱量は，

$5\,W \times 600\,s = 3000\,J$

❶熱量…電流によって発生した熱の量。

熱量〔J〕＝電力〔W〕×時間〔s〕

4 (1) **40 W** (2) **4倍** (3) **ウ** (4) **90 Wh**

解説 (1) 抵抗が10Ωの電熱線**X**に流れる電流が2Aであるから，加わった電圧は，

$10\,\Omega \times 2\,A = 20\,V$

よって，電熱線**X**が消費する電力は，

$20\,V \times 2\,A = 40\,W$

(2) 電流が2倍になるのは，加わる電圧が2倍になったときであるから，電力は4倍になる。

(3) 電流計**A₁**と**A₂**がI〔A〕を示すとすると，電熱線**X**，**Y**に加わる電圧は，

$X \cdots 10\,\Omega \times I\,[A] = 10I\,[V]$

$Y \cdots 5\,\Omega \times I\,[A] = 5I\,[V]$

であるから，電熱線**X**，**Y**が消費する電力は，

$X \cdots 10I\,[V] \times I\,[A] = 10I^2\,[W]$

$Y \cdots 5I\,[V] \times I\,[A] = 5I^2\,[W]$

よって，（電熱線**X**が消費する電力）：（電熱線**Y**が消費する電力）は，$10I^2 : 5I^2 = 2 : 1$

(4) 抵抗が5Ωの電熱線**Y**に15Vの電圧が加わっているので，流れている電流は，

$\dfrac{15\,V}{5\,\Omega} = 3\,A$

このとき，電熱線**Y**が消費する電力は，

$15\,V \times 3\,A = 45\,W$

よって，2時間電流を流したときの電力量は，

$45\,W \times 2\,h = 90\,Wh$

❶電力量…電気器具などが電流によって消費したエネルギーの量。（単位はワット時やジュール）

電力量〔Wh〕＝電力〔W〕×時間〔h〕

p.122～123 標準問題の答え

1 (1) **1000 mA** (2) **B** (3) **A** (4) **A**

(5) **160 W**

解説 (1) 電圧が100Vのときの電流をI〔A〕とすると，

$100\,V \times I\,[A] = 100\,W$

$I = 100\,W \div 100\,V = 1\,A = 1000\,mA$

(2) 電圧が100Vのときに電球**B**に流れる電流は，

0.6 A（＝600 mA）であるから，100Vで1A流れる電球**A**よりも**B**のほうが，抵抗が大きいといえる。

(3) 電力の大きいほうが，より多くの電気エネルギーを使い，より明るくなる。

(4) 並列回路では，各電球に加わる電圧は等しい。

(5) （並列回路の全体の電力）＝（各部分の電力の和）であるから，全体の消費電力は，

$100\,W + 60\,W = 160\,W$

2 (1) **電熱線から受けとる熱以外の熱の出入りを少なくするため。**

(2) **1.2 A** (3) **14.4 W** (4) **2倍** (5) **3456 J**

(6) **0.96 Wh** (7) **2℃**

解説 (1) 熱は高温の物体から低温の物体へと移動する。そのため，水温と室温との差がありすぎると，水と空気との間でも熱の出入りが起きてしまい，実験の誤差が大きくなってしまう。

(2)(3) 抵抗が10Ωの電熱線**X**に12Vの電圧が加わったので，流れた電流は，

$\dfrac{12\,V}{10\,\Omega} = 1.2\,A$

このとき，電熱線**R₁**が消費する電力は，

$12\,V \times 1.2\,A = 14.4\,W$

(4) 抵抗が20Ωの電熱線**R₂**にも1.2Aの電流が流れるので，電熱線**R₂**の電圧と電力はそれぞれ，

$20\,\Omega \times 1.2\,A = 24\,V$

$24\,V \times 1.2\,A = 28.8\,W$

したがって，

$28.8\,W \div 14.4\,W = 2倍$

(5) 2分は120秒なので，電熱線で発生した熱量は，

$28.8\,W \times 120\,s = 3456\,J$

(6) 1 Wh＝3600 Jなので，

$3456 \div 3600 = 0.96\,Wh$

(7) 電熱線に電流を流した**時間が一定**の場合，水の温度上昇は電力の大きさに比例する。電熱線**R₁**の電力は，電熱線**R₂**の$\dfrac{1}{2}$なので，水の上昇温度も$\dfrac{1}{2}$の2℃となる。

3 (1) **R₁…0.5 A** **R₂…0.25 A**

(2) **R₁…7.5 W** **R₂…3.75 W**

(3) **1800 J** (4) ① **1680 J** ② **ア**

解説 (1) 並列回路なのでどちらの電熱線にも15Vの電圧が加わる。電熱線の抵抗は**R₁**が30Ω，**R₂**が60Ωであるから，それぞれの電熱線に流れる電流は，

$$R_1 \cdots \frac{15\,V}{30\,\Omega} = 0.5\,A$$

$$R_2 \cdots \frac{15\,V}{60\,\Omega} = 0.25\,A$$

(2) 電熱線R_1とR_2の電力は,

　　R_1：$15\,V \times 0.5\,A = 7.5\,W$

　　R_2：$15\,V \times 0.25\,A = 3.75\,W$

(3) 4分は240秒なので, 電熱線R_1の電力量は,

　　$7.5\,W \times 240\,s = 1800\,J$

(4)① 容器Xの水は$100\,g$であり, 15℃から19℃へと4℃上昇しているので, 容器Xの水が受けとった熱量は,

　　$4.2\,J/(g\cdot℃) \times 100\,g \times 4℃ = 1680\,J$

② 容器Yの水は$200\,g$(容器Xの**2**倍)であり, 電熱線R_2の電力は, R_1の$\frac{1}{2}$であるから, **容器Yの温度変化は容器Xの温度変化の$\frac{1}{4}$程度であると考えられる**。容器Xでの水温上昇が4℃であるから, 容器Yの水温は最初の15℃から約1℃上昇したと考えられる。

---

4 (1) **電気ストーブ** (2) **10倍** (3) **ア, ウ**

解説 (1) それぞれの電気器具の消費電力の表示は, 電圧が100Vのときの値なので, これが大きいものほど大きい電流が流れる。

(2) 電気ストーブとテレビを$t\,[s]$使ったときの電力量を$x\,[J]$, $y\,[J]$とすると,

　　$x = 1200\,W \times t\,[s] = 1200t\,[J]$

　　$y = 120\,W \times t\,[s] = 120t\,[J]$

よって,

　　$\dfrac{x}{y} = \dfrac{1200t}{120t} = 10$倍

(3) 100Vの電圧が加わったときにそれぞれの電気器具に流れる電流は, 照明で0.6A, 電気ストーブで12A, テレビで1.2Aであるから, 3つを同時に使ったときに流れる電流の合計は,

　　$0.6\,A + 12\,A + 1.2\,A = 13.8\,A$

　　3つの電気器具に加えて器具をつなぎ, さらに流れても大丈夫な電流の大きさは,

　　$20\,A - 13.8\,A = 6.2\,A$

　　100Vの電圧が加わったときに流れる電流は, **ア**の電気スタンドでは0.6A, **イ**の電気アイロンでは12A, **ウ**の電気ポットでは6A, **エ**のオーブントースターでは9.5Aであるから, **イ**や**エ**をつないで同時に使うと20Aをこえ, ブレーカーがはたらく。

---

p.124〜127 **実力アップ問題の答え**

1 (1) **電流計** (2) **エ** (3) **イ, ウ**

　　(4) **160 mA** (5) **7.5 V**

2 (1)① $V_1\cdots$**6 V** 　$V_3\cdots$**9 V** ② **7.5 Ω**

　　(2)① **0.2 A** ② **45 Ω**

3 (1)① $A_1\cdots$**2 A** 　$A_3\cdots$**3 A** ② **4 Ω**

　　(2)① **8 Ω** ② **36 V**

　　　　③ $A_1\cdots$**3.6 A** 　$A_2\cdots$**0.9 A**

4 (1) **5 倍** (2) **3 Ω** (3) **D** (4) **1.5 倍**

5 (1) **0.2 A** (2) **1.5 倍** (3) **10 Ω** (4) **22 Ω**

6 (1) **ア** (2) **1.2 A** (3) **14.4 W** (4) **X**

　　(5) **4320 J** (6) **95 %**

　　(7) **Y**…**0.5 倍** 　**Z**…**0.3 倍**

7 (1) **9.5 A** (2) **電気スタンド** (3) **1130 W**

　　(4) **610 Wh** (5) **26.4 Wh**

解説 **1** (1)(2) 電流計は回路に**直列**につなぎ, 電圧計は**並列**につなぐ。電流計を回路に**並列**につないだり, 電池に直接つないだりすると, 電流計に**大きい電流が流れて**指針が振り切れ, 電流計が**こわれてしまう**。

　　電源の電気用図記号は, **長いほうが＋極**である。

(3) 電流計の−端子は5A, 500mA, 50mAの3種類があり, 電圧計の−端子は300V, 15V, 3Vの3種類がある。電流の大きさや電圧の大きさが予想できないときは, **最も大きな値がはかれる−端子につなぎ**, 指針の振れ具合に応じて端子をつなぎかえる。

(4) 500mAの−端子につないで最も右に振れると, 500mAであるから, 最小の目盛りは10mAである。

(5) 15Vの−端子につないで最も右に振れると, 15Vであるから, 最小の目盛りは0.5Vである。

2 直列回路では, 各部分の電流は同じ大きさであり, 全体の電圧は, 各部分の電圧の和と等しい。

(1)① $V_1\cdots$$15\,\Omega \times 0.4\,A = 6\,V$

　　　$V_3\cdots$$6\,V + 3\,V = 9\,V$

② $\dfrac{3\,V}{0.4\,A} = 7.5\,\Omega$

(2)① $\dfrac{6\,V}{30\,\Omega} = 0.2\,A$

② 回路全体の電圧は,

　　$6\,V + 3\,V = 9\,V$

であるから, 回路全体の抵抗は,

　　$\dfrac{9\,V}{0.2\,A} = 45\,\Omega$

　　抵抗器R_2の抵抗($15\,\Omega$)を求め, 抵抗器R_1の抵抗

28

との和から，回路全体の抵抗を求めてもよい。

③ 並列回路では，各部分の電圧は同じ大きさであり，**全体の電流は，各部分の電流の和と等しい。**

(1)① $A_1\cdots\dfrac{12\,V}{6\,\Omega}=2\,A$

$A_3\cdots 2\,A+1\,A=3\,A$

② 回路全体の電圧12V，電流3Aより，抵抗は，

$\dfrac{12\,V}{3\,A}=4\,\Omega$

抵抗器R_2の抵抗（12Ω）を求めてから，並列回路の合成抵抗の公式を使って求めることもできる。

(2)①② 回路全体の抵抗をR〔Ω〕とすると，

$\dfrac{1}{R}=\dfrac{1}{10}+\dfrac{1}{40}=\dfrac{1}{8}$　　$R=8\,\Omega$

よって，回路全体の電圧は，

$8\,\Omega\times 4.5\,A=36\,V$

③ 抵抗器R_1の抵抗は10Ω，抵抗器R_2の抵抗は40Ω，それぞれの抵抗器に加わる電圧は36Vであるから，それぞれに流れる電流は，

$A_1\cdots\dfrac{36\,V}{10\,\Omega}=3.6\,A$　　　$A_2\cdots\dfrac{36\,V}{40\,\Omega}=0.9\,A$

④ (1)(2) グラフより，1.5Vの電圧を加えたとき，電熱線**A**に流れる電流は500mA（＝0.5A），電熱線**D**に流れる電流は100mAである。

また，電熱線**A**の抵抗は，

$\dfrac{1.5\,V}{0.5\,A}=3\,\Omega$

(3) **同じ大きさの電圧を加えたとき，流れる電流の値が小さいほど，電流が流れにくいといえる。**

(4) それぞれの電熱線の抵抗を(2)と同じようにして求めると，**B**は6Ω，**C**は10Ω，**D**は15Ωである。また，(2)より**A**の抵抗は3Ωであるから，

$R_1=3\,\Omega+6\,\Omega=9\,\Omega$

$\dfrac{1}{R_2}=\dfrac{1}{10}+\dfrac{1}{15}=\dfrac{1}{6}$　　$R_2=6\,\Omega$

$R_1\div R_2=9\,\Omega\div 6\,\Omega=1.5$倍

⑤ (1)(2) 電熱線**A**，**B**に加わった電圧は，

$11\,V-5\,V=6\,V$

であるから，電熱線**A**，**B**に流れた電流I_A，I_Bは，

$I_A\cdots\dfrac{6\,V}{30\,\Omega}=0.2\,A$

$I_B\cdots\dfrac{6\,V}{20\,\Omega}=0.3\,A$

$I_B\div I_A=0.3\,A\div 0.2\,A=1.5$倍

(3) （(1)(2)より）電熱線**C**に流れた電流は，

$I_A+I_B=0.2\,A+0.3\,A=0.5\,A$

であるから，電熱線**C**の抵抗は，

$\dfrac{5\,V}{0.5\,A}=10\,\Omega$

(4) 回路全体の電圧11V，電流0.5Aより，抵抗は，

$\dfrac{11\,V}{0.5\,A}=22\,\Omega$

⑥ (1) 金属は熱を伝えやすいので，金属製のカップだと**熱が逃げて，水温が変化しにくくなる。**

(2)(3) ヒーター**X**の電熱線の抵抗は10Ω，加わった電圧は12Vであるから，流れた電流は，

$\dfrac{12\,V}{10\,\Omega}=1.2\,A$

よって，ヒーター**X**の電力は，

$12\,V\times 1.2\,A=14.4\,W$

(4) ヒーター**X**，**Y**，**Z**の順に**抵抗が大きくなり，同じ電圧で流れる電流の値は小さくなるため，電力は順に小さくなる。**

(5)(6) 14.4Wの電力を5分間（300秒間）使ったので，電熱線で発生した熱量は，

$14.4\,W\times 300\,s=4320\,J$

また，水温の上昇に使われた熱量は，

$4.2\,J/(g\cdot℃)\times 200\,g\times 4.9℃=4116\,J$

であるから，

$4116\,J\div 4320\,J\times 100=95.2\cdots$　より　95%

(7) ヒーター**Y**，**Z**の抵抗は**X**の2倍，3倍で，電圧は等しいので，電流は$\dfrac{1}{2}$（＝0.5）倍，$\dfrac{1}{3}$（＝0.3）倍である。よって，電力（＝電圧×電流）も，電熱線で発生した熱量（＝電力×時間）も0.5倍，0.3倍である。水の上昇温度は水が受けとった熱量に比例し，これは電熱線で発生した熱量のほとんどだと考えられるので，上昇温度も0.5倍，0.3倍である。

⑦ (1) $950\,W\div 100\,V=9.5\,A$

(3) $950\,W+60\,W+120\,W=1130\,W$

(4) 12分は0.2時間である。それぞれの電力量は，

$950\,W\times 0.2\,h=190\,Wh$

$60\,W\times 3\,h=180\,Wh$

$120\,W\times 2\,h=240\,Wh$

よって，電力量の合計は，

$190\,Wh+180\,Wh+240\,Wh=610\,Wh$

(5) 3つの電気器具の待機時消費電力の合計は，

$0.1\,W+0.1\,W+0.9\,W=1.1\,W$

よって，24時間待機状態にしたときの電力量は，

$1.1\,W\times 24\,h=26.4\,Wh$

❸ 電流と電子・放射線

1 (1) イ　(2) ア　(3) 異なる。　(4) 静電気

解説 (1)(2)(3) ストローA，Bは同じ種類の電気を帯びているので，**しりぞけ合う**。

ティッシュペーパーは，ストローとは異なる種類の電気を帯びているので，ストローと引き合う。

定期テスト対策

❶ちがう種類の物質をたがいに摩擦したときに生じる電気を，静電気という。

❶同じ種類の電気の間にはしりぞけ合う力，異なる種類の電気の間には引き合う力がはたらく。

2 (1) ① −　② ＋　(2) 電子　(3) −（の電気）

定期テスト対策

❶クルックス管で真空放電が起きると，−極から電子（−の電気をもつ）が飛び出し，＋極へ向かう。

3 (1) ＋極　(2) B　(3) エ

解説 金属の中には，**自由に動き回れる電子**が存在していて，電圧が加わっていないときには，いろいろな向きに自由に動き回っている。

電子は−の電気をもつので，回路に電圧が加わると，**＋極の側に引っ張られて移動**する。電流の向きは，電子の移動の向きとは逆である。

4 (1) 放射性物質　(2) ウ

解説 (2) 放射線はすべて目に見えないもので，味やにおいももたない。また，放射性物質は自然界に存在しており，私たちは常に放射線を受けている。鉛の板は比較的透過性の弱い α 線や β 線を止めるほか，γ 線やX線も弱めることができる。

定期テスト対策

❶放射線には，さまざまな性質があり，放射線を出す放射性物質の扱いには，十分注意する必要がある。
・物を通り抜ける性質（透過性）
・物の性質を変化させる性質
・目に見えない性質

1 (1) はくが帯電して，はくどうしが反発し合ったから。　(2) 開く。　(3) 開かない。
(4) はくが放電し，はくどうしに電気の力がはたらかなくなったから。

解説 (1)(2) ストローとアクリルパイプをこすり合わせると静電気が発生する。帯電したストローやアクリルパイプをはく検電器の金属板に近づけると，静電気がはくへと移動して，はくが帯電する。それぞれのはくは同じ種類の電気を帯びるので，はくどうしはしりぞけ合い，はくが開く。

(3) 同じ種類の物体をこすり合わせても，電気の移動は起こらないので，**静電気は発生しない**。

2 (1) いえる。
(2) たまっていた電気の量が少なく，すぐに放電しきってしまうから。　(3) エ

解説 (1) 摩擦によって静電気が起きるときに物体から物体に移る−の電気の正体は，電子である。静電気を帯びた下じきにネオン管を近づけると放電が起き，少量ではあるが電流が流れて，ネオン管が光る。
(3) エはマグネシウムが酸素と結びつく燃焼である。

3 (1) 真空放電　(2) ウ
(3) 電子線は−の電気をもつ電子の流れなので，＋極側に引かれるから。
(4) イ　(5) イ

解説 (2)(3)(4) 電子線は，−の電気をもった電子の流れであるから，＋極の側に引かれて曲がる。
(5) 電子線に，**手前がS極，向こう側がN極**となるように磁石を近づけると，電子線は上に曲がる。また，磁石の極を逆にすると，電子線は下に曲がる。

4 (1) X線　(2) ア　(3) エ

解説 (2) イの性質は電子のもの，エの性質は，極の異なる磁力をもった物質の間にはたらくものである。
(3) 医療器具の滅菌は，**放射線の細胞を傷つける性質**を利用したものである。自動車のタイヤの製造では，**放射線の物の性質を変化させる性質**を，タイヤを摩擦に強い性質に変化させることに利用しており，空港の手荷物検査では，**放射線の物を通り抜ける性質**を，手荷物の中身を開封せずに確認することに利用している。また，アルミ缶とスチール缶の分別には，電磁石の磁力が利用されている。

❹ 電流と磁界

1 下図

①

②

解説 磁石の磁力線は，N極から出てS極に入る。この磁力線の向きが磁界の向きであり，磁界の向きに磁針のN極が向く。

2 (1) A　(2) 逆になる。　(3) 強くなる。
(4) C　(5) 逆になる。　(6) 強くなる。
(7) 強くなる。　(8) 強くなる。

解説 (1)(2) 導線のまわりにできる磁界の向きは，導線を「ねじ」としたとき，**電流の向きをねじが進む向きと考えたときの，ねじが回る向き**にあたる。
(4)(5) コイルの内側にできる磁界の向きは，「右手」を連想し，**電流の向きに4本の指の向きを合わせて右手をにぎったときの，親指が指す向き**にあたる。

定期テスト対策
❶導線やコイルに電流を流すと磁界ができる。
・磁界の向き…電流の向きによって決まる。
・磁界の強さ…電流が大きいほど強い。また，コイルでは巻数が多いほど強く，鉄しんを入れても強くなる。

3 (1)② ア　③ ア　(2) エ　(3) エ

定期テスト対策
❶磁界の中で導線に電流を流すと，力がはたらく。力の向きは電流や磁界の向き，力の大きさは電流の大きさや磁界の強さによって決まる。

4 (1) 電磁誘導　(2) 誘導電流
(3) 大きくなる。　(4)① B　② B　(5) 交流

解説 (3) 磁石のN極を速く動かすと，**磁界の変化が大きくなる**ので，誘導電流は大きくなる。
(4) 磁界の変化のしかたが逆になると，誘導電流の向きも逆になる。

1 (1) しりぞけ合う。　(2) A，C　(3) E
(4) 導線から遠いほど電流による磁界が弱まり，地球の磁界の影響を強く受けるから。

解説 (1)(2) 磁石の同じ極どうしはしりぞけ合い，異なる極どうしは引き合う。磁石で磁力線が出ていく極はN極，磁力線が入っていく極はS極である。
(3)(4) ねじの進む向きに電流を流すと，ねじを回す向きに磁界ができる。磁界の強さは，導線に近いほど強いので，磁針が導線から離れるほど，**地球の磁界の影響の割合が大きくなり，北を示す**ようになる。

2 (1) A　(2) C　(3) Y
(4) 磁界を強くして，磁力を強くするため。

解説 (1)(2)(3) 輪にした導線やコイルも，部分的に見れば1本の導線とみなせるので，まわりにできる磁界の向きは，1本の導線の場合をもとに説明することができる。輪にした導線の中心部分では1本の導線による磁界が重なって強め合い，コイルではさらに強め合う。

3 (1) 上向き　(2) A…イ　B…ア　C…イ
(3) 逆向きになる。　(4) 速くなる。

解説 (3) 電流の向きが逆になるので，電流が磁界から受ける力の向きも逆になる。
(4) 電流が大きくなると，はたらく力も大きくなるので，モーターが速く回るようになる。

4 (1) B　(2)① D　② C　(3) F

解説 (1) 図1の電源は乾電池なので直流であり，電流は＋極から回路を通って−極に流れ，**電流の向きや大きさは変わらない**。発光ダイオードは，＋の端子から−の端子に電流が流れると発光するので，**Bだけが発光し，逆向きにつないだAは発光しない**。
(2) 図2の発電機では，**磁石がコイルに近づくときと離れるときに電磁誘導が起こり**，反対向きの誘導電流が発生しているので，2つの発光ダイオードが交互に点滅している。そのため，発光ダイオードを左右に振ると，2本の平行な点線のように見える。
(3) 直流は，電流の向きが変わらないので，オシロスコープで見ると直線になる。交流は，電流の向きと大きさが周期的に変化しているので，オシロスコープで見ると波のような形になる。

1️⃣ (1) 静電気　(2) B…同じ。　C…異なる。

　(3) 引き合う。　(4) C

2️⃣ (1) B　(2) できない。　(3) D

　(4) 下のほうに曲がる。　(5) 電子　(6) −

　(7) 自由に動き回っている。

3️⃣ (1) 引き合う力　(2) 磁力

　(3) B，C，E，H　(4) d　(5) ウ，エ

4️⃣ (1) エ　(2) d　(3) ア　(4) 大きくなる。

5️⃣ (1) 電磁誘導　(2) ②エ　③ウ

　(3) ア　(4) ウ　(5) イ

6️⃣ (1) イ，ウ　(2) 50 Hz

　(3) 交流を直流に変える。

解説 1️⃣ (2)(3) 球AとBはしりぞけ合うので，同じ種類の電気をもつ。球AとCは引き合うので，異なる種類の電気をもつ。したがって，球BとCは**異なる種類の電気をもち，近づけると引き合う。**

(4) 摩擦したものが静電気を帯びるときには，一方の物体の表面近くの−の電気（電子）が，もう一方の物体の表面に移動するので，球Aを摩擦した布は，球Aとは異なる種類の電気を帯びる。

2️⃣ (1)(2)(5) 真空放電のとき，電子が−極から飛び出る。Aを−極，Bを＋極につなぐと，−極から十字板のほうへ飛び出した電子が十字板にさえぎられて，影ができる。＋極と−極を入れかえると，十字板のほうへと電子が飛び出さなくなるので，影はできない。

(3)(6) クルックス管内での真空放電のときに見える蛍光板の光るすじ（**電子線**または**陰極線**）は，−の電気をもつ電子の流れなので，＋の電気と引き合い，−の電気としりぞけ合う。電子線が上のほうに曲がったときには，上側の電極板と引き合い，下側の電極板としりぞけ合ったと考えられるので，下側が−極側である。

(4) 磁石を近づけると電子線は曲がり，磁石のN極とS極を入れかえると，電子線の曲がり方は逆になる。

3️⃣ (1)(2) 磁石による力を**磁力**といい，同じ極どうしはしりぞけ合い，**異なる極どうしは引き合う。**

(3)(4) 磁界の向きは磁針のN極が指す向きで，N極から出てS極に入る。導線のまわりにできる**磁界の向きと電流の向きは，「ねじ」の回る向きと進む向き**に対応する。コイルのまわりにできる**磁界の向きと電流の向きは，「右手」の親指の向きと4本の指の向きに対応する。**

また，点Xの位置での磁力線の向きは**b**の向きであるから，**磁針のN極がb，S極がd**の向きを指す。

(5) 流れる電流の向きを逆にすると，**磁界の向きが逆**になる。また，コイルに鉄しんを入れると，**磁界は強くなる。**

4️⃣ (1) 電流が流れる導線のまわりの磁界の向きは，電流の向きに「ねじ」の進む向きを対応させたときのねじの回る向きに対応するので，磁針のN極は西側に振れる。このとき，電流による磁界が強いほど，真西に近いところまで振れる。

(2) 流れる電流を逆向きにしているので，**電流が磁界から受ける力は逆向きになる。**

(3) 磁界を逆向きにしているので，電流が磁界から受ける力は逆向きになる。**電流の大きさや磁界の強さは変化していないので，力の大きさは変わらない。**

(4) **並列回路の合成抵抗は，もとの抵抗よりも小さい**ので，回路に流れる電流は大きくなる。そのため，ブランコが受ける力は大きくなる。

5️⃣ 検流計の指針は，流れる電流が大きくなれば大きく動き，電流の向きが逆になれば逆に動く。

(1)(2) コイルの中の磁界が変化すると，**電磁誘導**が起こって**誘導電流**が流れる。したがって，②のように磁石を動かしていないときには**磁界は変化せず，電流は流れない。**また，③のように磁石を逆向きに動かすと**磁界の変化が逆向きになるので，電流は逆向きに流れる。**

(3) コイルを上に動かして棒磁石のN極に近づけるときは，棒磁石のN極をコイルの中におろすときと磁界の変化のしかたが同じになる。

(4) 磁石のN極をS極に変えているので，①と同じように動かすと磁界の変化は逆向き，①と逆向きに動かせば磁界の変化と電流の向きは同じになる。

(5) 棒磁石を動かすと同時にコイルを上向きに動かすと，棒磁石を速く動かしたときと同じで，**磁界の変化が大きくなるので，流れる電流が大きくなる。**

6️⃣ (2) 周波数は，**1秒間に変化をくり返す回数**であり，5分は300秒であるから，

$$15000 \div 300 = 50 \, Hz$$

(3) **ACアダプター**は，パソコンや携帯電話の充電器などの器具とプラグの間についていて，コンセントの交流を直流に変えるはたらきがある。また同時に，家庭のコンセントでは100Vの電圧を，電気器具に適した電圧に変えるはたらきもある。